"新工科"计算机与信息工程专业实践类系列教材

BIANYI YUANLI KECHENG JIAOXUE ZHIDAO
编译原理课程教学指导

主　编　杜　莹　袁彩虹　程　普

河南大学出版社
HENAN UNIVERSITY PRESS
·郑州·

图书在版编目(CIP)数据

编译原理课程教学指导 / 杜莹,袁彩虹,程普主编. --郑州:河南大学出版社,2022.9
ISBN 978-7-5649-5334-8

Ⅰ.①编… Ⅱ.①杜… ②袁… ③程… Ⅲ.①编译程序-程序设计-高等学校-教学参考资料 Ⅳ.①TP314

中国版本图书馆 CIP 数据核字(2022)第 174945 号

责任编辑　阮林要
责任校对　林方丽
封面设计　郭　灿

出　版	河南大学出版社
	地址:郑州市郑东新区商务外环中华大厦 2401 号　邮编:450046
	电话:0371-86059715(高等教育与职业教育分公司)　网址:hupress.henu.edu.cn
	0371-86059701(营销部)
排　版	郑州市今日文教印制有限公司
印　刷	广东虎彩云印刷有限公司
版　次	2022 年 9 月第 1 版　印次　2022 年 9 月第 1 次印刷
开　本	787 mm×1092 mm　1/16　印张　13.5
字　数	257 千字　定价　49.00 元

(本书如有印装质量问题,请与河南大学出版社营销部联系调换)

前　言

编译原理课程是高等院校计算机相关专业的一门重要专业课程,旨在介绍编译程序构造的一般原理和基本方法,内容包括语言和文法、词法分析、语法分析、语法制导翻译、中间代码生成、存储管理、代码优化和目标代码生成,对于培养学生的计算思维能力,算法设计与分析能力,程序设计与实现能力,计算机系统的认知、开发和利用能力具有重要作用。通过该课程的学习,能进一步提升学生的计算机问题求解水平,在系统级别上重新认识算法和程序,进一步培养学生解决复杂工程问题的能力。

本课程讲授编译系统的基本部分——编译程序的构造原理及其相关技术和方法。编译系统将高级程序设计语言所编写的程序翻译为机器所能够识别的语言指令,从而使人们能够直接使用程序设计语言编写程序,而不依赖机器本身。它涉及在一个比较适当的抽象层面上的数据变换,包括自顶向下、自底向上、逐步求精、递归求解、目标驱动、问题的归纳与分析、抽象与形式化描述,以及相应算法的设计与实现、模块化等一系列系统构建的基本方法和问题求解思想,同时也包括一个具有一定规模的系统的设计。因此,该课程不仅使学生掌握编译原理的基本方法、技术和原理,而且通过构建一个适当规模的编译器,让学生经历计算机复杂工程的构建过程。

编译原理的教学内容包括求解计算机问题和利用计算机技术求解问题的基本原理以及最典型、最基本的方法。课程所涉及的问题都需要进行深入的分析,而且要解决这些问题必须建立恰当的抽象模型,并基于模型进行分析和处理。许多问题需要根据设计开发的实际要求,综合运用恰当的方法,要在多种因素和指标中进行,以求全局的优化和良好的系统性能,因此这本身就是一个复杂工程问题。本课程的教学过程应通过编译原理基本理论、方法和技术的讲授,以及让学生完成编译系统的构造,落实对学生解决复杂工程问题能力的培养,理解复杂工程的内涵,认识复杂工程问题的特征,有针对性地培养和提高学生在未来的计算机技术工程实践中解决复杂工程问题的能力。

在课程理论知识讲授环节,注重培养学生深入理解编译原理的基本概念、基本理论和基本方法，理解词法分析、语法分析、语义分析等技术和方法；在实验环节，让学生设计和实现词法分析器、语法分析器、语义分析器等一系列子系统，还要对它们进行综合和集成以构成编译系统；在课程考核环节，根据课程支撑的课程目标选择合适的考试内容，考题的难度和深度应能够体现复杂工程问题的特征。总之，本课程的教学通过在理论讲授、课后作业、课程考核等环节充分贯彻培养学生解决复杂工程问题能力的理念和要求，实现本课程目标的达成。

编译原理课程只有上升到这样的高度才能体现出时代背景下的重要性，这种重要性的认识是许多教师亟须提高的。为此，我们编译原理课程组根据多年经验，结合新工科建设理念，编著了《编译原理课程教学指导》，一方面是多年教学经验的总结和凝练，另一方面为编译原理课程专业教师提出了可操作性的意见和建议。

《编译原理课程教学指导》涵盖了教学内容构建，教学组织实施，方法手段运用，课程考核评价，课后学生指导等教学环节，教学过程中我们建议从以下八个方面进行把握：

（1）在教学准备阶段，要从教学内容、教学方法手段、课后复习总结等各阶段紧紧围绕学生能力培养进行科学严谨的设计。

（2）教学内容组织方面，要从深度和广度上进行钻研和解读，深刻把握教学内容和内涵的实质，挖掘隐藏在内容表象下的思想方法，展现编译原理与其他课程千丝万缕的联系，体现对学生学习能力、实践能力和创新能力的培养。

（3）在教学方法手段方面，要与教学内容、能力与素质的培养要求相结合，对重点难点内容进行详解，对一般内容进行略讲，对容易学习的内容可以不讲，让学生采用线上自学，并结合课后作业、课堂互动对学生的自学效果进行考核验证。

（4）在课堂教学实施过程中，要灵活运用启发、设问、探究等教学方法，改变灌输式、一言堂的教学模式，各种方法的运用要科学合理，要有深度，有层次性。编译原理课程是一门理论和实践都很深的课程，能培养和提升学生的计算思维，教学过程中必须使师生的思路同步展开，使学生思维处于活跃状态。采用各种现代教育技术及平台，如多媒体、智慧教室、慕课、雨课堂等，提高课堂教学实施效果。

（5）在课程考核过程中，各种考核环节要与培养目标相一致，加深加强能力素质考核，加大对学生分析、抽象、总结归纳、逻辑推理、验证、应用和创新等各种能力的培养及考核。

（6）在形成性评估方面，根据教学实际，建立以以下内容为基本模块的评估体系：平时作业、章节总结、阶段性测试以及学期总结。各个模块的组织形式是灵活多样的，可以以个人作为考核对象，或以小组模式进行考核，可以互评，也可以采用线上等形式进行考评。

（7）在课后学习环节，老师布置常规课后作业的同时，要紧紧围绕教学目标，对学生进行计算思维、创新能力、学习能力和应用能力的锻炼。

（8）在应用实践环节，紧紧围绕编译器的词法分析模块、语法分析模块以及语义分析模块这三大重点模块设计三个实验，伴随着课程中的词法分析、语法分析以及语义分析阶段分别实现词法分析器、语法分析器以及语义分析器。语法分析器调用词法分析器，语义分析器又调用语法分析器，最终合成一个编译前端的小型编译器。

最后要说明的是，《编译原理课程教学指导》是对现阶段教学工作的总结和凝练，随着教学改革的深入推进，不断会有一些新的理念、新的方法和手段融入教学。教无定法，每个个体的适用性也不尽相同，因此，教学指导只是一种建议，我们将继续在教学过程中进行不断丰富、发展和完善。另外，书中所提到的课程目标和毕业要求是针对计算机科学与技术专业，其他专业学生的课程目标和毕业要求需要视具体情况而定。

《编译原理课程教学指导》是多年来编译原理课程教学智慧的结晶，编写过程中大家积极收集整理资料，充分发挥了团队的凝聚力和刻苦攻关的精神。本书由河南大学杜莹、袁彩虹和程普老师担任主编，谢谦、王玉璟和李辉老师参与编写，特别感谢课程组谢谦老师，谢老师前期的教学经验总结为本书提供了很好的思路。本书在编写过程中，参阅了大量的资料，尤其是参考文献列出的资料。

由于水平有限，书中存在的不当之处，敬请各位读者和同行不吝赐教。

杜莹

2022年7月

目 录

第1章 引论 …………………………………………………………………（ 1 ）
  1.1 什么叫编译程序 ………………………………………………………（ 2 ）
  1.2 编译过程 ………………………………………………………………（ 5 ）
  1.3 编译程序的结构 ………………………………………………………（ 7 ）
  1.4 编译程序的生成 ………………………………………………………（ 10 ）
  1.5 本章小结 ………………………………………………………………（ 12 ）

第2章 运算方法和运算器 ……………………………………………………（ 14 ）
  2.1 高级程序设计语言概述 ………………………………………………（ 14 ）
  2.2 程序语言的语法描述 …………………………………………………（ 20 ）
  2.3 本章小结 ………………………………………………………………（ 26 ）

第3章 词法分析 ………………………………………………………………（ 30 ）
  3.1 词法分析概述 …………………………………………………………（ 31 ）
  3.2 词法分析器的设计 ……………………………………………………（ 33 ）
  3.3 正规表达式与有限自动机 ……………………………………………（ 37 ）
  3.4 词法分析器的自动产生 ………………………………………………（ 44 ）
  3.5 本章小结 ………………………………………………………………（ 45 ）

第4章 语法分析－自上而下分析 ……………………………………………（ 53 ）
  4.1 语法分析基本概念 ……………………………………………………（ 54 ）
  4.2 自上而下分析面临的问题 ……………………………………………（ 56 ）
  4.3 LL(1)文法 ……………………………………………………………（ 57 ）
  4.4 递归下降分析程序构造 ………………………………………………（ 61 ）
  4.5 预测分析程序 …………………………………………………………（ 64 ）
  4.6 本章小结 ………………………………………………………………（ 67 ）

第5章 语法分析－自下而上分析 ……………………………………………（ 74 ）
  5.1 自下而上分析基本问题 ………………………………………………（ 75 ）
  5.2 算符优先分析 …………………………………………………………（ 76 ）

5.3　LR 分析法 …………………………………………………（81）
   5.4　本章小结 …………………………………………………（88）

第 6 章　属性文法和语法制导翻译 ……………………………………（98）
   6.1　属性文法 …………………………………………………（99）
   6.2　基于属性文法的处理方法 ………………………………（103）
   6.3　S—属性文法的自下而上计算 ……………………………（108）
   6.4　L—属性文法和自顶向下翻译 ……………………………（111）
   6.5　本章小结 …………………………………………………（116）

第 7 章　语义分析和中间代码产生 ……………………………………（123）
   7.1　中间语言 …………………………………………………（124）
   7.2　说明语句 …………………………………………………（128）
   7.3　赋值语句的翻译 …………………………………………（132）
   7.4　布尔表达式的翻译 ………………………………………（138）
   7.5　控制流语句的翻译 ………………………………………（143）
   7.6　本章小结 …………………………………………………（145）

第 8 章　符号表 …………………………………………………………（150）
   8.1　符号表的组织与作用 ……………………………………（150）
   8.2　整理与查找 ………………………………………………（152）
   8.3　名字的作用范围 …………………………………………（153）
   8.4　符号表的内容 ……………………………………………（155）
   8.5　本章小结 …………………………………………………（156）

第 9 章　运行时存储空间组织 …………………………………………（158）
   9.1　目标程序运行时的活动 …………………………………（158）
   9.2　运行时存储器的划分 ……………………………………（161）
   9.3　静态存储分配 ……………………………………………（163）
   9.4　简单的栈式存储分配 ……………………………………（165）
   9.5　嵌套过程语言的栈式实现 ………………………………（166）
   9.6　堆式动态分配 ……………………………………………（168）
   9.7　本章小结 …………………………………………………（169）

第 10 章　优化 …………………………………………………………（170）
   10.1　概述 ……………………………………………………（170）
   10.2　局部优化 ………………………………………………（172）
   10.3　循环优化 ………………………………………………（178）
   10.4　本章小结 ………………………………………………（181）

第 11 章 目标代码生成 …………………………………………………… (188)
  11.1 基本问题 ………………………………………………………… (188)
  11.2 目标机器模型 …………………………………………………… (190)
  11.3 一个简单的代码生产器 ………………………………………… (190)
  11.4 本章小结 ………………………………………………………… (192)
第 12 章 编译原理实验 …………………………………………………… (194)
  12.1 词法分析实验 …………………………………………………… (195)
  12.2 语法分析实验 …………………………………………………… (199)
  12.3 语义分析实验 …………………………………………………… (201)
参考文献 ………………………………………………………………… (204)

第 1 章 引论

【本章概述】

编译原理课程主要介绍编译系统的基础部分——编译程序的构造原理及其相关技术和方法,包括语言和文法、词法分析、语法分析、语法制导翻译、中间代码生成、存储管理、代码优化和目标代码生成。编译系统将高级程序设计语言所编写的程序翻译为机器所能够识别的语言指令,从而使人们能够直接使用程序设计语言编写程序,而不依赖机器本身。它涉及在一个比较适当的抽象层面上的数据变换,包括自顶向下、自底向上、逐步求精、递归求解、目标驱动、问题的归纳与分析、抽象与形式化描述,以及相应算法的设计与实现、模块化等一系列系统构建的基本方法和问题求解思想,同时也包括一个具有一定规模的系统的设计。

本章的主要内容包括编译程序的基本概念、编译系统的结构,特别是编译过程每一阶段的功能和输入、输出,所依循的规则和规则的描述工具。

【总学时】

2学时。

【支撑的课程目标和毕业要求】

本单元各知识点的讲授和学习,可以重点支撑"课程目标1.使学生掌握编译原理的基础理论和基本方法,以解决难度较大的问题,处理复杂系统的设计与实现",也即毕业要求指标点1.3。通过理解编译程序的基本概念、方法和技术,在系统层面上对程序和算法有进一步的认识,进一步提升解决计算机问题的能力,并用于解决计算机领域复杂工程问题。

本单元教学通过"问题引入""课堂讨论"等课堂形式,让学生广泛了解编译过程的阶段划分、编译与解释、编译前端与后端等概念,激发学生的学习兴趣。通过T型图等描述工具使学生体验如何选择和利用工具进行设计、开发等工作,培养学生依据所学知识进行问题求解的能力,达到课程目标的要求。

1.1 什么叫编译程序

【学时】

30 分钟。

【教学内容】

编译程序和解释程序的概念;编译和解释的区别;编译原理课程内容及学习意义;编译程序的分类。

【教学重点】

编译程序的概念。

【教学难点】

编译程序的概念。

【教学目的与要求】

(1) 掌握编译程序的概念。
(2) 掌握编译和解释的区别。
(3) 了解编译原理课程的内容及学习意义。
(4) 了解编译程序的分类。

【学情分析】

(1) 学生已经完成了数据结构、离散数学、高级程序设计语言、汇编语言等先修课程,了解了编译程序的各部分构造,学习了高级程序语言的结构和共同特征、语法结构形式化描述方面的基本概念。

(2) 学生已经至少掌握一门高级编程语言,使用程序设计语言编写调试过大量程序,具有初步的系统设计与实现能力。

(3) 学生在调试程序的过程中遇到过很多编译问题,迫切想知道这些问题的原因及解决方法,具有强烈的学习意识。

【知识背景】

20 世纪 40 年代,美籍匈牙利科学家冯·诺伊曼提出了"程序存储"的概念,把常用的基本操作制成电路用一个数来代表,于是这个数就可以"命令"计算机执行某项操作。程序员用这些数来编制程序,并把程序和数据一起放在计算机的内存储器里。程序运行时,计算机可以依次高速地从存储器中取出程序里的一条条指令逐一执行，以完成全部计算的各项操作，作业顺序通过"条件转移"指令自动完成。"程序存储"使全部计算成为真正的自动过程，它的出现被誉为电子计算机史上的里程碑，而这种类型的计算机被人们称为"冯·诺伊曼机"。

由于冯·诺伊曼的先锋作用，编写一串代码（程序）已成必要，这样计算机就可以执行所需的计算。开始时，程序都是用机器语言编写的，也就是表示机器实际操作的数字代码。例如，"C7 06 0000 0002"表示在 IBM PC 上使用的 Intel 8x86 处理器将数字 2 移至 16 进制的地址 0000 的指令。但编写这样的代码十分费时和乏味，这种代码形式很快就被汇编语言代替了。在汇编语言中，都是以符号形式给出指令和存储地址的。例如，假设符号存储地址 X 是 0000，汇编语言指令"MOV X,2"就与前面的机器指令等价。汇编程序可以将汇编语言的符号代码和存储地址翻译成与机器语言相对应的数字代码，大大提高了编程的速度和准确度，人们至今仍在使用着它，在编码需要极快的速度和极高的简洁程度时尤为如此。但是，汇编语言也有许多缺点：阅读和理解很难，编写起来也不容易，而且汇编程序严格依赖于特定机器，所以为一台计算机编写的代码无法在另一台计算机上使用。

因此，出现了类似于数学定义和自然语言的简洁形式来编写程序的操作，它与任何机器都无关，而且也可由一个程序翻译为可执行代码。例如，前面的汇编语言代码可以写成一个简洁的与机器无关的形式"x = 2"，我们把这种形式的语言称为"高级语言"。1954 年 Fortran 语言问世，标志着计算机高级程序设计语言的诞生。随后，计算机高级程序设计语言如雨后春笋，层出不穷。至今，计算机高级语言仍在不断发展，全世界已经出现的计算机高级程序设计语言大概有几百种，但常用的语言不过十几种。计算机高级语言独立于机器，比较接近自然语言，因而容易学习和掌握，而且编写出的程序易读、易理解、易修改、易移植。

【预习安排】

（1）让同学们回顾一下在使用计算机高级程序设计语言开发的过程中，使用各种不同编程环境的感受，包括编程环境和编译环境。

（2）查找关于第一个编译程序的资料。

【教学实施建议】

（1）首先引导学生回忆高级语言、汇编语言以及低级语言的概念，由语言的概念引入翻译程序的概念，提出"源语言程序"和"目标语言程序"的概念。

（2）指出编译程序是翻译程序的一种，是把某一种高级语言程序等价地转换成另一种低级语言程序（汇编语言或机器语言程序）的程序。

（3）给出几类编译程序的概念：诊断编译程序、优化编译程序、交叉编译程序、可变目标编译程序。

(4) 介绍计算机执行高级语言的另一种翻译程序——解释程序,并通过示例给出编译与解释的区别。

(5) 介绍编译程序在计算机系统中的位置:比较接近于"硬件"。

(6) 介绍本课程的内容和学习意义,举出实际案例说明编译原理的应用场景,如 HTML/XML 分析、搜索引擎等。

【课堂互动】

(1) 讨论预习中提出的问题。

(2) 引导大家回忆高级语言、汇编语言以及低级语言的概念。

(3) 通过讨论让学生理解编译程序的作用:接近人类自然语言的是"高级语言",机器是读不懂高级语言的,只能通过翻译才能让机器"懂得"并执行人发出的指令。

【典型例题】

例 1 编译是做_____工作。
A. 高级语言的翻译 B. 高级语言程序的解释执行
C. 机器语言的执行 D. 汇编语言的翻译

答案:A。

解析:编译是把某一种高级语言程序等价地转换(翻译)成另一种低级语言程序。

例 2 用高级语言编写的程序经编译后产生的程序叫_____。
A. 解释程序   B. 目标程序   C. 源程序   D. 连接程序

答案:B。

解析:编译过程中的高级语言程序被称为源程序,低级语言程序被称为目标程序。

例 3 解释程序和编译程序的区别在于_____。
A. 是否生成中间代码 B. 加工的对象不同
C. 使用的实现技术不同 D. 是否生成目标代码

答案:D。

解析:编译和解释两种编译方法都对源程序进行了翻译,其中前者会生成可多次使用的目标代码,而后者没有生成目标代码,每一次执行源程序都需要重新翻译。

1.2 编译过程

【学时】

30分钟。

【教学内容】

编译过程的概念;编译过程中每一步的工作内容、任务和描述工具。

【教学重点】

编译过程的概念;编译过程中每一步的工作内容。

【教学难点】

编译过程中每一步的描述工具。

【教学目的与要求】

(1) 掌握编译过程的概念。

(2) 理解编译过程中每一步的工作内容。

【学情分析】

(1) 学生对编译的概念有了初步的了解,后面需要掌握整个编译过程是如何完成的。

(2) 学生需要好好理解编译过程为什么要分这几步、每一步的任务是什么。

(3) 编译过程中每一步的描述工具特别不好理解,比如:词法分析采用的规则描述工具是正规式和有限自动机,由于学生第一次接触正规式和有限自动机的概念,接受起来比较困难,这里的讲解仅仅是点到为止,具体内容的详细讲解安排在第3章。

【预习安排】

让学生提前理解一下英语翻译成中文的过程,理解这一过程有助于同学们类比掌握高级程序设计语言的编译过程。

【教学实施建议】

(1) 首先通过运行在C++语言的集成化开发环境中的"Hello World!"这个简单的示例,引出学生思考:在build指令背后发生了什么?也就是说编译程序是怎样把高级语言(如C++)翻译成低级语言(如机器指令)的?

(2) 通过将英语翻译成汉语的过程这一示例,将自然语言翻译过程和编译过程进行类比,总结一下共有五个步骤:识别出句子中的一个个单词、分析句子的语法结构、根据句子的含义进行初步翻译、对译文进行修饰和写出最后的译文。这几步正好对应编译程序工作的五个阶段:词法分析、语法分析、语义分析及中间代码生成、优化和目标代码生成。

(3) 讲述程序设计语言编译中第一步词法分析的任务是:输入源程序,对构成源程序的字符串进行扫描和分解,识别出一个个的单词符号,如基本字、标识符、常数、算符、界符等。将识别出的单词转换成统一的机内表示——词法单元(token)形式。采用的是构词规则,规则描述工具是正规式和有限自动机(FA)。

(4) 讲述程序设计语言编译中第二步语法分析的任务是:在词法分析的基础上,根据语言的语法规则,对单词符号串进行语法分析,识别出各类语法单位,最终判断输入串是否构成语法上正确的"程序"。采用的是语法规则,规则描述工具是上下文无关文法。

(5) 讲述程序设计语言编译中第三步语义分析及中间代码产生的任务是:对语法分析器识别出的各类语法单位,分析其含义并进行初步翻译产生中间代码。这一步包含有两部分的工作:一是对每种语法范畴进行静态语义检查;二是若语义正确,则进行中间代码翻译。在这一部分的讲解中,需要给学生解释一下中间代码的概念,它是一种独立于具体硬件的记号系统,更接近于机器代码,并举例说明三地址代码具体的实现,包括三元式、四元式、间接三元式。

(6) 讲述程序设计语言编译中第四步优化的任务是:对中间代码进行加工变换,以期在最后阶段能产生出更为高效的目标代码,采用的是等价变换规则,包括公共子表达式的提取、循环优化、删除无用代码等。这部分讲解是对应着一个FOR 循环的三地址代码的实例,通过优化可以将之前需要 300 次加法和 200 次乘法的语句优化成只需 300 次加法的语句。

(7) 讲述程序设计语言编译中第五步目标代码生成的任务是:把中间代码变换成特定机器上的低级语言代码,实现最后的翻译。说明目标代码有三种形式:可直接运行的绝对指令代码、需要连接装配的可重新定位指令代码以及需要进行汇编的汇编指令代码,并且以具体示例说明目标代码生成的过程。

【课堂互动】

(1) 引导学生思考在开发环境中编写完程序,然后点击 build 指令,编译完成程序可以执行,build 指令背后发生了什么?

(2) 引导学生思考将英语翻译成汉语的过程,将自然语言翻译过程和编译过程进行类比。

(3) 编译过程的每一步都会有具体示例展示,比如在讲解中间代码优化时,让学生对比优化前的四元式和优化后的四元式的运算次数,进一步加深理解;在讲解目标代码生成时,让学生对比一条高级语言的语句与其对应的汇编语言代码、机器语言代码。

【典型例题】

例 1 可以直接运行的目标代码是_____。

A. 汇编指令代码　　　　　　　B. 可重新定位指令代码
C. 绝对指令代码　　　　　　　D. 通用符号指令代码

答案:C。

解析:绝对指令代码可直接运行,可重新定位指令代码需要连接装配,汇编指令代码需要进行汇编,通用符号指令代码不属于目标代码。

例 2 中间代码生成所依据的是语言的_____。

A. 词法规则　　B. 语法规则　　C. 语义规则　　D. 产生规则

答案:C。

解析:编译的语义分析与中间代码生成这一步的任务是对语法分析器识别出的各类语法单位,分析其含义并进行初步翻译,生成中间代码,采用的规则是语义规则,规则的描述工具是属性文法。

1.3　编译程序的结构

【学时】

10 分钟。

【教学内容】

编译程序的总体框架;"遍"的概念;编译前端和后端。

【教学重点】

编译程序的总体框架。

【教学难点】

"遍"的概念。

【教学目的与要求】

(1) 掌握编译程序的总体框架。

(2) 掌握编译程序中"遍"的概念。

(3) 了解编译前端和后端。

【学情分析】

(1) 学生已经理解了编译的概念,也掌握了每一个编译过程的工作内容、任务和描述工具。

(2) 编译过程的五个步骤是逻辑功能的划分,需要让学生理解编译程序除了包含这五个步骤对应的程序,另外还要有表格管理和出错处理程序。

(3) 需要让学生理解"遍"的概念。

【预习安排】

引导学生思考在调试程序的过程中,曾遇到过什么问题,应该是出现在编译的哪个阶段。

【教学实施建议】

(1) 首先给出编译程序的总框图,对照着总框图讲解编译过程五个步骤对应的程序:词法分析器、语法分析器、语义分析及中间代码生成器、优化器和目标代码生成器。

(2) 除了上述的五个部分,还有表格管理和出错处理程序。表格是用于登记源程序的各类信息和编译各阶段的进展状况,并举例说明常见的表格有符号名表、常数表、标号表、入口名表、过程引用表。

(3) 出错处理程序的任务是设法发现错误,并把有关错误信息报告给用户,包括语法错误和语义错误。语法错误是源程序中不符合语法或词法规则的错误,是在词法或语法分析时检测出来的;语义错误是源程序中不符合语义规则的错误,是在语义分析或运行时检测出来的。此时,可以引入讨论,引导学生思考以前在调试程序过程中,曾遇到什么问题,应该是出现在编译的哪个阶段。

(4) 引出"遍"的概念:编译过程的五个阶段仅仅是逻辑功能上的一种划分,具体实现时受各方面(如源语言、设计要求等)限制,往往将编译程序组织成若干遍。"遍"就是对源程序或源程序的中间结果从头到尾扫描一次,并做有关的加工处理,生成新的中间结果或目标程序。可以将几个不同阶段合为一遍,也可以把一个阶段的工作分为若干遍。例如,词法分析和语法分析作为一遍,语法分析和语义分析及中间代码生成作为一遍,优化需要若干遍。单遍代码不太有效,根据系统资源的状况、运行目标的要求等,可以将一个编译程序设计成多遍扫描的形式,在每一遍扫描中完成不同的任务。当一遍中包含若干阶段时,各阶段的工作是穿插进行的。

(5) 讲述编译前端与后端的概念。编译前端是指由与源语言有关但与目标机无关的那些部分,包括词法分析、语法分析、语义分析及中间代码生成、部分代码优化工作;编译后端是指包括编译程序中与目标机有关的那些部分,如与目标机有关的代码优化和目标代码生成等,编译后端不依赖于源语言而仅仅依赖于中间语言。

【课堂互动】

让同学们指出编译的五个过程和编译程序结构之间的关系,采用课堂上让学生连线的形式,但如果授课时间比较紧张的话就让同学们一起说答案,教师采用PPT跟随动画把连线加上。

【典型例题】

例 1 请指出编译过程和编译程序结构之间的关系。

答案:编译过程是指编译程序从输入源程序开始到输出目标程序为止的整个过程,一般划分为五个阶段:词法分析、语法分析、语义分析及中间代码生成、优化、目标代码生成。上述编译过程的五个阶段是编译程序工作时的动态特征。编译程序的结构可以按照这五个阶段的任务分模块进行设计:词法分析器、语法分析器、语义分析及中间代码生成器、优化器、目标代码生成器。除此之外,编译程序在工作过程中需要保持一系列的表格,以登记源程序的各类信息和编译各阶段的进展状况,需要增加一个表格管理模块。由于一个编译程序不仅能对书写正确的程序进行翻译,而且能对出现在源程序中的错误进行处理,所以还要有出错处理模块。

解析:编译程序结构如图1.1所示。

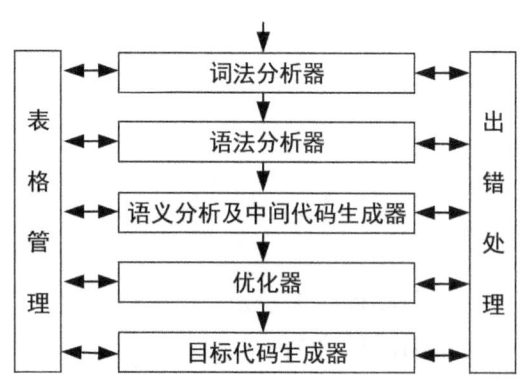

图 1.1 编译程序结构示意图

例 2 编译程序各阶段工作都涉及_____。

A. 词法分析　　B. 表格管理　　C. 语法分析　　D. 语义分析

答案:B。

解析:源程序的各类信息和编译各阶段的进展情况都登记在一系列的表格中,其中最重要的是符号表。当扫描器识别出一个名字后将其填入符号表,但其各种属性需要到后续阶段才能填入,如类型的确定是在语义分析阶段,地址的确定是在目标代码生成阶段,因此,编译程序各阶段的工作都会涉及相关表格的处理、查找或更新。

例 3 一遍扫描的编译程序的优点是_____。

A. 算法清晰　　　B. 便于分工　　　C. 便于优化　　　D. 编译速度快

答案:D。

解析:如果一个编译程序分为多遍扫描,虽然其逻辑结构会比较清晰,但遍数的增加势必会增加输入/输出所消耗的时间。因此,一遍扫描的编译程序的编译速度比多遍扫描的要快。

1.4　编译程序的生成

【学时】

15 分钟。

【教学内容】

介绍编译程序生成的几种方法:以机器语言和汇编语言为工具编写编译程序、高级语言编写编译程序、自编译方式。

【教学重点】

编译程序生成方法。

【教学难点】

高级语言编写编译程序的方法。

【教学目的与要求】

(1) 理解低级语言编写编译程序的特点。

(2) 理解高级语言编写编译程序的方法。

(3) 了解自编译方式。

【学情分析】

(1) 学生已经掌握编译的相关概念和编译程序的基本结构,下面需要让学生了解编译程序是如何生成的。

(2) 学生容易理解用低级语言编写编译程序的方法,但不容易理解高级语言编写编译程序的方法,其原因是高级语言编写的编译程序本身就需要编译。

(3) 学生特别不容易理解课堂上介绍的两种用高级语言编写编译程序的场

景,以及表现该场景语言翻译的 T 型图。

【教学实施建议】

(1) 说明编译程序大多数由汇编语言或机器语言编写,还可以用高级语言来编写,并介绍采用这两种方式各自的特点。

(2) 讲解表现语言翻译的 T 型图,S 代表源语言、I 代表编译程序的实现语言、T 代表目标语言。

(3) 介绍两种用高级语言书写编译程序的场景。

第一种是利用已有的某种语言的编译程序实现另一语言的编译程序,具体描述:已知 A 机上有一个用 A 代码实现的高级语言 L_1 的编译程序,可以用 L_1 实现在 A 机上能运行一个新语言 L_2 编写的程序,如图 1.2 所示。

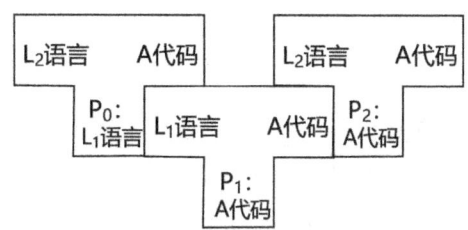

图 1.2　用 L_1 语言编写编译程序

其中:

P_0——L_2 语言的编译程序,用 L_1 语言实现。

P_1——L_1 语言的编译程序,用 A 代码实现。

P_2——L_2 语言的编译程序,用 A 代码实现。

第二种是把一种机器上的编译程序移植到另一种机器上,具体描述:用 A 机上有的高级语言 L 实现在 B 机上运行 L 语言的程序,如图 1.3 所示。

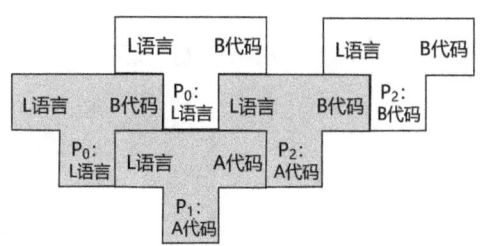

图 1.3　编译程序移植

采用下面的步骤:

① 先用 L 语言编写出在 A 机器上运行的产生 B 机器代码的 L 语言编译程序源程序。

② 把该源程序经过 A 机器上的 L 语言编译程序编译后得到能在 A 机器上运行的产生 B 机器代码的编译程序。

③ 用这个编译程序再一次编译上述编译程序源程序就得到了在 A 机器上运

行的产生 B 代码的 L 编译程序源程序(L 语言编写)。

④让学生了解自编译的概念,通过一系列自展途径而形成编译程序的过程叫做自编译过程。

⑤介绍编译程序的自动产生是指采用"自编译方式"产生编译程序,可以设计编译程序的书写系统。例如,LEX 词法分析程序产生器和 YACC 语法分析程序产生器都是这种类型。

⑥给同学们总结一下如果想要在某台机器上为某种语言构造一个编译程序,必须掌握以下内容:第一是源语言,对被编译的源语言,要深刻理解其结构(语法)和含义(语义);第二是目标语言,假定目标语言是机器语言,那么就必须搞清硬件的系统结构和操作系统的功能;第三是编译方法,把一种语言程序翻译为另一种语言程序的方法很多,但必须准确地掌握一二。

【典型例题】

例 1　构造编译程序应掌握_____方面的知识。

A. 源程序　　　　B. 目标程序　　　　C. 编译方法　　　　D. 以上三个都是

答案:D。

例 2　下面关于编译过程和编译程序结构之间的关系说法是否正确:

词法分析、语法分析和语义分析及中间代码生成属于编译前端,优化和目标代码生成属于编译后端。

答案:错误。

解析:一部分的优化属于编译前端,一部分的优化属于编译后端。

1.5　本章小结

【学时】

5 分钟。

【教学实施建议】

总结本课程的基本内容及要求如下:

(1)掌握编译程序的概念,编译和解释的区别。

(2)掌握编译过程每一阶段的功能和输入、输出,所依循的规则和规则的描述工具。

(3)理解编译"遍"、编译前端和后端的概念。

(4) 了解 T 型图及其应用场景。

【课后作业布置】

1. 简述翻译程序和编译程序的基本概念。
2. 编译过程分为几个阶段？每个阶段的主要任务是什么？
3. 计算机执行高级语言的方式主要有哪两种？本质区别是什么？

【课后作业答案】

1. 答：一个源语言的解释程序以该语言写的源程序作为输入，但不生成目标程序，而是边解释边执行源程序本身。把一种语言程序（源语言程序）转换成另一种语言程序（目标语言程序），二者在逻辑上等价，如果源语言是诸如 Fortran、Pascal、C、C++或 Java 这样的"高级语言"，而目标语言是诸如汇编语言或机器语言之类的"低级语言"，这样的翻译程序就称为编译程序。

2. 答：编译程序分五个阶段：词法分析、语法分析、语义分析及中间代码生成、优化、目标代码生成。词法分析的任务是：输入源程序，对构成源程序的字符串进行扫描和分解，识别出一个个的单词符号，如基本字、标识符、常数、算符、界符等。语法分析的任务是：在词法分析的基础上，根据语言的语法规则，对单词符号串进行语法分析，识别出各类语法单位，最终判断输入串是否构成语法上正确的"程序"。语义分析及中间代码生成的任务是：对语法分析器识别出的各类语法单位，分析其含义并进行初步翻译（生成中间代码）。优化的任务是：对中间代码进行加工变换，以期在最后阶段能生成更为高效（省时间和空间）的目标代码。目标代码生成的任务是：把中间代码变换成特定机器上的低级语言代码，实现最后的翻译。

3. 答：计算机执行高级语言的方式主要有两种：编译方式和解释方式。编译方式是先编译后执行，如图 1.4 所示；解释方式是以源程序作为输入，但不产生目标代码，而是边解释边执行源程序本身，如图 1.5 所示。编译和解释的主要区别：是否生成目标代码。

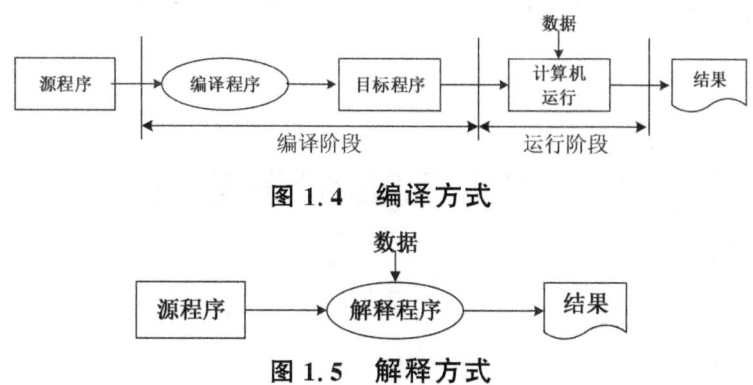

图 1.4 编译方式

图 1.5 解释方式

第 2 章 高级程序设计语言及其语法描述

【本章概述】

编译程序的任务是将高级程序设计语言翻译成低级程序设计语言,高级程序设计语言是编译程序处理的对象,要学习和构造编译程序,理解和定义高级程序设计语言是必不可少的。本章介绍高级程序设计语言的结构和主要特征,并介绍程序语言的语法描述方法,为后面学习编译程序设计的原理和技术打下基础。

【总学时】

2 学时。

【支撑的课程目标和毕业要求】

本单元各知识点的讲授和学习,可以重点支撑"课程目标 1.使学生掌握编译原理的基础理论和基本方法,以解决难度较大的问题,处理复杂系统的设计与实现",也即毕业要求指标点 1.3。通过理解编译程序的基本概念、方法和技术,在系统层面上对程序和算法有进一步的认识,进一步提升解决计算机问题的能力,并用于解决计算机领域复杂工程问题。

本单元教学通过分析程序设计语言的发展历程,激发学生的学习兴趣;通过提出"如何对程序设计语言进行形式化描述"的问题,引出上下文无关文法的概念;通过黑板板书让学生掌握最左/最右推导等原理和方法;通过学生在课堂中的思考,加深其对形式化描述的理解,提高学生的抽象表达问题的能力,达到课程目标的要求。

2.1 高级程序设计语言概述

【学时】

15 分钟。

第 2 章 高级程序设计语言及其语法描述

【教学内容】

常用的高级程序设计语言；程序语言的定义：语法和语义概念、程序语言的功能及层次结构；高级语言的一般特性：高级语言的分类、程序结构、数据结构与操作、语句与控制结构。

【教学重点】

程序语言语法和语义概念。

【教学难点】

程序语言的功能及层次结构。

【教学目的与要求】

（1）了解常用的高级程序设计语言。

（2）掌握程序语言的定义。

（3）了解高级语言的一般特性。

【学情分析】

（1）学生已经掌握至少一门高级编程语言，对如何用高级编程语言去"操控"计算机较为感兴趣，可由此引入编译的概念。

（2）需要学生掌握计算机执行高级语言程序的步骤：翻译和执行。

（3）需要学生了解本课程介绍设计和构造编译程序的基本原理和方法。

【知识背景】

第一台电子计算机出现在 20 世纪 40 年代，它使用由 0、1 序列组成的机器语言编程，这个序列明确地告诉计算机以什么样的顺序执行哪些运算。运算本身也是很低层次的：把数据从一个位置移动到另一个位置、把两个寄存器中的值相加、比较两个值，等等。不用说，这种编译速度慢且枯燥，而且容易出错，写出的程序也是难以理解和修改的。

走向对人类更加友好的程序设计语言的第一步是 20 世纪 50 年代早期，人们对助记汇编语言的开发。一开始，汇编语言中的指令仅仅是机器指令的助记表示。后来，宏指令被加入到汇编语言中，这样程序员就可以通过宏指令为频繁使用的机器指令序列定义带有参数的缩写。

1951 年美国兰德公司的 UNIVAC-1 是第一台按冯·诺依曼原理制成的通用电动计算机，也开始了机器语言的程序设计，但是这种方式不仅复杂且极易出错，于是人们将操作码改作助记的字符形成汇编语言。尽管汇编码程序和机器码程序基本一一对应，但汇编程序必须要翻译为机器代码才能运行，形成了源代码——自动翻译器——目标代码的使用方式，计算机语言开始了向宜人方向的进程。

1954年，Backus研究出第一个脱离机器的高级语言Fortran Ⅰ，1957年改版为比较完善的Fortran Ⅱ，此时拥有了变量、表达式、赋值、调用、输入/输出、有条件比较、顺序、选择、循环控制等概念，拥有满足科技计算的整数、实数、复数、数组以及双精度等数据类型，其表达式采用代数模型。Fortran的出现使当时科技计算为主的软件生产提高了一个数量级，奠定了高级程序设计语言的地位，也成为计算机语言界的世界语。

1957年，美国MIT科学家McCarthy提出LISP语言，并把它用于数学定理验证等较为智能的程序上，但LISP在当时只是科学家的语言，没有进入软件市场。1958年产生的ALGOL语言在欧洲为广大计算机工作者所接受，是程序设计语言发展史上一个重要的里程碑。随后产生数据处理的COBOL语言，其控制结构比Fortran还要简单，且大大扩展了数据描述，包括表（相当于数组）、纪录、文件等概念。

20世纪60年代采用集成电路后计算机硬件成本大幅度下降，计算机应用普及的障碍是编程语言及软件，这就促使对编译技术的研究。编译技术的完善表现在大型语言、多种流派语言的出现。1962年哈佛大学的K.Iverson提出面向数学的APL语言，该语言提出了动态数据（向量）的概念，定义了一套古怪的符号，联机使用非常简洁，深得数学家喜爱；1962年AT&T公司贝尔试验室R.Griswold提出正文处理的SNOBOL语言，可以处理代数公式、语法、正文和自然语言；1967年美国达特茅斯学院的J.G.Kemeny和T.E.Kurtz研制出交互式、解释型语言BASIC。由于解释程序小（仅8K），赶上20世纪70年代微机大普及，BASIC取得非常大的成就，但是它的弱类型、全程量数据、无模块，决定了只能编制小程序，也只能作为程序员入门的启蒙语言。

Pascal语言由瑞士苏黎世联邦工业大学的Niklaus Wirth教授于20世纪60年代末设计并创立，1971年以电脑先驱帕斯卡Pascal的名字为之命名。该语言语法严谨，是最早出现的结构化编程语言，具有丰富的数据类型和简洁灵活的操作语句，一出世就受到广泛欢迎。高级语言发展过程中，Pascal是一个重要的里程碑。

20世纪70年代是计算机大发展的时代，软件市场中Fortran、COBOL、汇编三分天下的局面开始缓慢落幕，优秀的C语言在这种情况下迅速成长起来。1972年，AT&T公司贝尔实验室丹尼斯·里奇(Dennis MacAlistair Ritchie)以肯·汤普森(Kenneth Lane Thompson)设计的B语言为基础开发了C语言，1973年UNIX第五版90%左右的源程序是用C写的，它使UNIX成为世界上第一个易于移植的操作系统。UNIX以后发展成为良好的程序设计环境，反过来又促进了C的普及，成为系统软件的主导语言。

1975年成立的高级语言工作组开始投资5亿美元,多达1500名第一流软件专家参与了开发或评审,前后八年研制出Ada程序设计语言。作为Ada语言的第一发明人,J.Ichbian为了提高软件生产率和改善软件可移植性,提出开发语言的同时开发支持该语言的可移植环境(APSE)。Ada是强类型结构化语言,开发过程完全按软件工程方式进行,严格禁止方言。从业界转向软件工程方法开发软件的意义上,Ada可以被称为里程碑式语言。Ada的大、功能齐全、开发耗资可以说是程序设计语言之最。但它还没有普及就有些落伍了,可能今后不会有人再投入巨资去开发大型过程语言。

20世纪80年代程序设计语言纷纷往面向对象靠拢,1980年面向对象语言Smalltalk正式发布。随后,各种过程语言甚至汇编语言都借鉴该思想,以求能支持面向对象程序设计。1982年到1986年相继出现Object Pascal、Objective-C、Objext Assembler(68000汇编程序改造)。1985年AT&T公司推出了C++,1987年Borland公司推出了Turbo Pascal 5.5。

20世纪90年代计算机硬件发展速度依然不减,每片芯片上晶体管数目仍然是一年半增加一倍,硬件价格进一步低廉,建立在异质网上的多媒体环境已成为客户端使用环境的主流,支持"所见即所得"的用户界面的"语言"大量涌现。

1991年Sun公司的詹姆斯·高斯林等人开始开发名称为Oak的语言,希望用于控制嵌入在有线电视交换盒、PDA等的微处理器;1994年将Oak语言更名为Java;Java是一门面向对象编程语言,不仅吸收了C++语言的各种优点,还摒弃了C++里难以理解的多继承、指针等概念,因此Java语言具有功能强大和简单易用两个特征。Java语言作为静态面向对象编程语言的代表,极好地实现了面向对象理论,允许程序员以优雅的思维方式进行复杂的编程。Java具有简单性、面向对象、分布式、健壮性、安全性、平台独立与可移植性、多线程、动态性等特点,可以编写桌面应用程序、Web应用程序、分布式系统和嵌入式系统等不同类型的应用程序。

C#是微软公司在2000年6月发布的一种新的编程语言,主要由Anders Hejlsberg主持开发,它是由C和C++衍生出来的一种安全的、稳定的、简单的、优雅的面向对象编程语言,是第一个面向组件的编程语言,其源码会编译成msil再运行。C#看起来与Java有着惊人的相似性,包括了诸如单一继承、接口,与Java几乎同样的语法和编译成中间代码再运行的过程。但是C#与Java有着明显的不同,它借鉴了Delphi的一个特点,与COM(组件对象模型)是直接集成的,而且它是微软公司.NET windows网络框架的主角。

目前有几千种程序设计语言,可以通过不同的方式对这些语言进行分类。方式一是通过语言的"代"来分类;第一代语言是机器语言;第二代语言是汇编语言;

第三代语言是 Fortran、Cobol、Lisp、C、C++、C♯ 及 Java 这样的高级程序设计语言；第四代语言是为特定应用设计的语言，比如用于生成报告的 NOMAD、用于数据库查询的 SQL 和用于文本排版的 Postscript；第五代语言指的是基于逻辑和约束的语言，比如 Prolog 和 OPS5。

另一种语言分类方式是把程序中指明如何完成一个计算任务的语言称为强制式(imperative)语言，而把程序中指明要进行哪些计算的语言称为声明式(declarative)语言。诸如 C、C++、C♯ 和 Java 等语言都是强制式语言，所有强制式语言中都有用于表示程序状态和语句的表示方法，这些语句可以改变程序状态。而像 ML、Haskell 这样的函数式语言和 Prolog 这样的约束逻辑语言通常被认为是声明式语言。冯·诺伊曼语言(Von Neumann language)是指以冯·诺伊曼计算机体系结构为计算模型的程序设计语言，很多语言(比如 Fortran 和 C)都是冯·诺伊曼语言。面向对象语言(object-oriented language)是指支持面向对象编程的语言，Simula67 和 Smalltalk 是早期的主流面向对象语言。C++、C♯、Java 和 Ruby 是现在常用的面向对象语言。脚本语言(scripting language)是具有高层次运算符的解释型语言，它通常被用于把多个计算过程"粘合"在一起，这些计算过程被称为脚本。Python、JavaScript、Perl、PHP、Awk、Ruby 和 Tcl 等是脚本语言，使用脚本语言编写的程序通常要比用其他语言(比如 C)编写的等价程序短很多。

图灵奖授予给在计算机技术领域作出突出贡献的科学家，程序设计语言、编译相关的获奖者是最多的，约占总数的三分之一，比较有代表性的如下：

- Alan J. Perlis (1966) —— ALGOL
- Edsger Wybe Dijkstra (1972) —— ALGOL
- Michael O. Rabin & Dana S. Scott (1976) ——非确定自动机
- John W. Backus (1977) —— Fortran
- Kenneth Eugene Iverson (1979) —— APL 程序语言
- Niklaus Wirth (1984) —— PASCAL
- John Cocke (1987) —— RISC & 编译优化
- Dahl, K. Nygaard (2001) —— Simula 语言和面向对象
- Alan Kay(2003) —— SmallTalk 语言和面向对象程序设计
- Peter Naur(2005) —— ALGOL60 以及编译设计
- Frances E. Allen(2006) —— 优化编译器
- Barbara Liskov(2008) —— 编程语言和系统设计的实践与理论

【预习安排】

让同学们回顾前面学过的高级程序设计语言，考虑它们是如何表达指令的。

第 2 章 高级程序设计语言及其语法描述

【教学实施建议】

这一节对常用的高级程序设计语言进行回顾,总结高级程序设计语言的优点,为后续高级程序设计语言编译程序的设计打下基础。

(1) 介绍程序设计语言的定义,它是任何语言实现的基础。程序语言的定义包含语法、语义两个方面,先不考虑关于语言使用方面的定义(语用)。

(2) 介绍什么是语法,包括词法规则和语法规则,分别介绍它们的定义、包含内容以及描述工具,并以具体实例来讲解。

(3) 介绍什么是语义及语义规则的概念。强调阐明语义要比阐明语法更困难,现在还没有一种公认的形式系统,借助于它可以自动地构造出实用的编译程序,我们采用基于属性文法的语法制导翻译方法是较接近形式化的。

(4) 介绍程序语言的基本功能和层次结构,并指导同学们从编译的角度理解程序语言成分的逻辑和实现意义。

(5) 关于高级程序设计语言一般特性这一部分的内容,包括高级语言的分类、程序结构、数据类型与操作,以及语句与控制结构,让学生自学,不再讲解。

【课堂互动】

引导大家考虑自然语言的语法、语义的情形,理解程序设计语言的定义以及语法、语义和语义规则的概念。

【典型例题】

例 1 下面哪种说法正确?_____
A. 标识符是语义概念,名字是语法概念
B. 标识符是语法概念,名字是语义概念
答案:B。
解析:程序中用标识符来标识数据对象,需要满足形式上的规则,比如:以字母开头由字母数字组成的字符串,名字标识程序中实际的对象是个语义概念,只有标识符和程序中某个对象联系在一起才称为名字。

例 2 下面哪些属于程序语言的语义定义?_____
A. 表达式中圆括号必须匹配
B. 类的声明必须以 class 开头
C. 关于函数调用时参数传递方法的描述
D. 函数体必须用 return 语句结尾
答案:C。
解析:这四项说明都是对程序语言的约定,其中选项 A、B、D 都是对程序形式上的要求或规定,是属于语法的规定,只有选项 C 是对函数调用功能语义的规定。

2.2 程序语言的语法描述

【学时】

70 分钟。

【教学内容】

语法描述的基本概念:文法、字母表、字符、字(字符串)、空字、字的全体、连接(积)、闭包、正规闭包;上下文无关文法定义;文法生成语言相关概念:推导(最左推导/最右推导)、直接推出、句型、句子、语言;语法分析树与二义性;形式语言简介。

【教学重点】

语法描述的基本概念;上下文无关文法定义;文法生成语言相关概念;语法分析树的概念;文法的二义性。

【教学难点】

文法及语言的二义性。

【教学目的与要求】

(1) 掌握语法描述的基本概念。
(2) 掌握上下文无关文法。
(3) 掌握文法生成语言相关概念。
(4) 掌握语法分析树。
(5) 理解文法及语言的二义性。
(6) 了解形式语言。

【学情分析】

(1) 学生已经掌握至少一门高级编程语言,了解常用的高级程序设计语言及其特性,对程序语言中的概念比较熟悉。
(2) 需要学生理解文法的作用,理解高级语言的语法描述方法。

【知识背景】

乔姆斯基与形式语言

艾弗拉姆·诺姆·乔姆斯基博士(Avram Noam Chomsky)是麻省理工学院语言学的荣誉教授,乔姆斯基的《生成语法》一书被认为是 20 世纪理论语言学研究上最伟大的贡献。

形式语言的研究始于20世纪初,把它用于模拟自然语言是50年代中期的事。当时,许多数理语言学家致力于用数学方法研究自然语言的结构,尤其是1946年电子计算机出现以后,人们很快想到用计算机来作自然语言的机械翻译。可是这项工作在取得一些初步成功以后便停滞不前,翻译的质量很难提高,主要是因为当时对自然语言结构的理解太表面化。形式语言具有高度抽象化的特点,它是一套演绎系统,本身的目的就是要用有限的规则来推导语言中无限的句子,提出形式语言的哲学基础也是想用演绎的方法来研究自然语言。形式语言具有算法的特点,比如说句法分析中采用不同的算法来构造句子的句法推导树。1956年,乔姆斯基发表了用形式语言方法研究自然语言的第一篇文章,建立了形式语言的描述。从那以后,形式语义的理论发展得很快,这种理论对计算机科学有着深刻的影响,特别是对程序设计语言的设计、编译方法和计算复杂性等方面更有重大的作用。其理论的形成和发展推动了计算机科学技术的发展,形式语言理论是编译原理的重要理论基础之一。

乔姆斯基把文法分成四种类型,即0型、1型、2型和3型。这几类文法的差别在于对产生式施加不同的限制。0型文法也称短语文法,0型文法的能力相当于图灵机(Turing),或者说任何0型语言都是递归可枚举的;1型文法也称上下文有关文法,其能力相当于线性界限自动机;2型文法也称上下文无关文法,其能力相当于非确定的下推自动机;3型文法也称右线性文法,因为这种文法等价于正规式,所以也称正规文法。从文法描述语言的能力来说,0型文法最强,3型文法最弱。

【预习安排】

布置课前预习,让学生们考虑自然语言的语法、语义的情形,同时类比高级程序设计语言,以理解程序设计语言的定义,以及语法、语义和语义规则的概念。

【教学实施建议】

(1) 为了对文法进行形式化描述,需要首先掌握语言描述的几个基本概念:字母表、字符、字(字符串)、空字、字的全体、连接(积)、闭包、正规闭包等。

(2) 以一个自然语言句法构造方法,引出文法的概念:描述语言的语法结构的形式规则,并给出自然语言简单的文法规则。

(3) 利用文法规则推导自然语言实际的句子:由<句子>这个文法的开始符号推导成具体的一个句子"He gave me a book"。让学生从自然语言的角度理解文法的概念,这样更容易一些。

(4) 在上述概念的基础上,把前面自然语言文法的例子进行更为严格的描述,得到上下文无关文法形式化的定义,并以一个定义只含"+"和"*"两种运算符的算术表达式的文法作为例子,来说明上下文无关文法的表达方式。这部分内容后面用得比较多,要求学生们必须熟练掌握。

(5) 说明定义文法的目标是描述语言,如何根据上下文无关文法确定它描述的语言,中心思想是从文法的开始符号出发,反复连续使用产生式,对非终结符实行替换和展开。

(6) 讲解推导的概念,包括直接推出、多步推出,并举例说明。

(7) 讲解句型、句子和语言的概念,并让学生做相应练习。

(8) 讲解最左推导和最右推导的概念,这样可以把推导的过程统一起来,其实是在推导过程中人为地规定每次替换哪一个非终结符。

(9) 举例说明如何由文法推导得到语言,并让学生做相应练习。

(10) 举例说明语言可以由什么样的文法得到,并让学生做相应练习。

(11) 讲解语法树的概念,举例说明不同推导过程语法树是一样的。

文法 G(E):E → i | E+E | E * E | (E) 的句子 (i * i+i) 最左和最右推导如下:

最左推导:E ⇒ (E) ⇒ (E+E) ⇒ (E * E+E) ⇒ (i * E+E) ⇒ (i * i+E) ⇒ (i * i+i)

最右推导:E ⇒ (E) ⇒ (E+E) ⇒ (E+i) ⇒ (E * E+i) ⇒ (E * i+i) ⇒ (i * i+i)

其对应的语法树如图 2.1 所示。

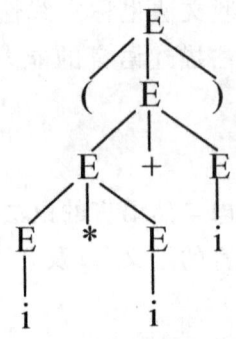

图 2.1 (i * i+i) 的语法树

(12) 讲解文法的二义性(ambiguous)概念:一个文法存在对应两棵以上语法树(或两种以上最左/右推导)的句型。文法二义性是个重点,需要用具体示例详细讲解。例如,(i * i+i)可以有两个最左/最右推导,不同于图 2.1 的另一棵语法树如图 2.2 所示,因此文法 G 是二义的。

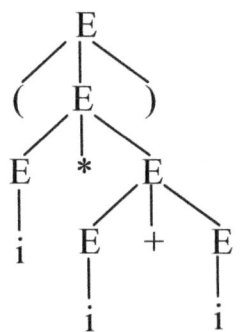

图 2.2 (i * i+i)的另外一棵语法树

(13) 举例说明语言的二义性和文法的二义性是完全不同的概念:语言的二义性是指若一个语言不存在无二义的文法,则说这个语言是二义性的。

(14) 跟同学们说明文法二义性是不可证明的,但是可以找到一组无二义文法的充分条件,若文法满足这组条件则无二义,若不满足可能是二义的也可能是无二义的。要想证明某个文法具有二义性,可以采用反例法,也就是找到该文法的一个句型画出其两棵不同的语法树(或两种不同的最左/最右推导)。然后通过具体实例,讲述反证法的证明过程。

(15) 举例介绍上下文无关文法和上下文有关文法,提高学生对文法的直观感知,提升学习兴趣,例子如下所示:

$L_1 = \{a^n b^n | n \geqslant 1\}$ 不能由正规文法产生,但可由上下文无关文法产生

   $G_1(S): S \rightarrow aSb | ab$

$L_2 = \{a^n b^n c^n | n \geqslant 1\}$ 不能由上下文无关文法产生,但可由上下文有关文法产生

   $G_2(S): S \rightarrow aSBC | aBC$

      $CB \rightarrow BC$

      $aB \rightarrow ab$

      $bB \rightarrow bb$

      $bC \rightarrow bc$

      $cC \rightarrow cc$

(16) 介绍形式语言的概念,并讲解 0~3 型文法。

(17) 介绍四种类型文法描述能力比较:0 型>1 型>2 型>3 型。并且说明:程序设计语言并不是上下文无关语言,甚至不是上下文有关语言;但对于现今程序设计语言,在编译程序中仍然采用上下文无关文法来描述其语言结构。

【课堂互动】

(1) 引导大家考虑自然语言的语法、语义的具体情况,类比程序设计语言,进一步理解程序设计语言的定义,以及语法和语义规则的概念。

(2) 由文法推导得到语言这一个知识点讲完以后,要引导学生思考下面的问题。

考虑文法 G(D):

  D→D；D|TL；

  T→int|char

  L→L,id|id

请问文法 G 定义了一个什么样的语言?

这一道题可以让学生把文法和具体的程序设计语言联系起来。

(3) 本节内容概念比较多,而且很多概念是后面章节的基础。例如,句型、句子、语言以及推导等概念需要同学们深刻理解,并做相应练习。

(4) 引导学生掌握反例法证明文法二义性：画出该文法某一个句型的两棵语法树或者两种不同的最左/最右推导,让学生当场做题。

【典型例题】

例 1 从编译程序的语法分析角度看,源程序是句子的集合,＿＿＿＿＿可以较好地反映句子的结构。

 A. 线性表   B. 树   C. 强连通图   D. 堆栈

答案：B。

解析：语法分析无论是自上而下还是自下而上都是将一个句子表达成一棵语法树。

例 2 $\Sigma=\{a,b\}$,$U=\{ab,b\}$,$V=\{aa,bb\}$,求 UV,Σ^*,Σ^+。

答案及解析：

$UV=\{ab,b\}\{aa,bb\}=\{abaa,abbb,baa,bbb\}$

$\Sigma^*=\{a,b\}^*=\{a,b\}^0\bigcup\{a,b\}^1\bigcup\{a,b\}^2\bigcup\cdots\cdots$

  $=\{\varepsilon,a,b,ab,aa,bb,ba,\cdots\cdots\}$

$\Sigma^+=\{a,b\}^+=\{a,b\}\{a,b\}^*=\{a,b\}\{\varepsilon,a,b,ab,aa,bb,ba,\cdots\cdots\}$

  $=\{a,b,ab,aa,bb,ba,\cdots\cdots\}$

例 3 已知文法 G[S]：

  S→a|ε|(T)

  T→T,S|S

分别给出下列句子的最左和最右推导过程：

(1) (a,(a,a)); (2)(a,(a,))。

答案及解析：

(1) 句子(a,(a,a))的最左推导：

S⇒(T)⇒(T,S)⇒(S,S)⇒(a,S)⇒(a,(T))⇒(a,(T,S))⇒(a,(S,S))⇒

$(a,(a,S)) \Rightarrow (a,(a,a))$

最右推导：

$S \Rightarrow (T) \Rightarrow (T,S) \Rightarrow (T,(T)) \Rightarrow (T,(T,S)) \Rightarrow (T,(T,a)) \Rightarrow (T,(S,a)) \Rightarrow (T,(a,a)) \Rightarrow (S,(a,a)) \Rightarrow (a,(a,a))$

(2) 句子$(a,(a,))$的最左推导：

$S \Rightarrow (T) \Rightarrow (T,S) \Rightarrow (S,S) \Rightarrow (a,S) \Rightarrow (a,(T)) \Rightarrow (a,(T,S)) \Rightarrow (a,(S,S)) \Rightarrow (a,(a,S)) \Rightarrow (a,(a,))$

最右推导：

$S \Rightarrow (T) \Rightarrow (T,S) \Rightarrow (T,(T)) \Rightarrow (T,(T,S)) \Rightarrow (T,(T,)) \Rightarrow (T,(S,)) \Rightarrow (T,(a,)) \Rightarrow (S,(a,)) \Rightarrow (a,(a,))$

例 4 考虑文法 G[S]：

$S \rightarrow bA$

$A \rightarrow aA | a$

定义了一个什么样的语言？

答案：G[S]定义了语言 $L(G) = \{ba^n | n \geqslant 1\}$。

解析：利用文法的产生式规则做如下推导：

$S \Rightarrow bA \Rightarrow ba$

$S \Rightarrow bA \Rightarrow baA \Rightarrow baa$

……

$S \Rightarrow bA \Rightarrow baA \Rightarrow baaA \Rightarrow \cdots \Rightarrow baa\cdots a$

所以 $L(G) = \{ba^n | n \geqslant 1\}$

例 5 构造一个文法 G，使 $L(G) = \{a^n b^n | n \geqslant 1\}$。

答案：根据文法 G 可以表达的语言，构造如下文法：

$G[S]:S \rightarrow aSb | ab$

例 6 给定文法 G[E]：

$E \rightarrow EiT | T$

$T \rightarrow T+F | iF | F$

$F \rightarrow E * | ($

请回答该文法是否为二义文法，说明理由。

答案：该文法为二义文法，因为该文法的句子 i(i(* ，有两个不同的最左推导：

$E \Rightarrow T \Rightarrow iF \Rightarrow iE* \Rightarrow iEiT* \Rightarrow iTiT* \Rightarrow iFiT* \Rightarrow i(iT* \Rightarrow i(iF* \Rightarrow i(i(*$

$E \Rightarrow T \Rightarrow F \Rightarrow E* \Rightarrow EiT* \Rightarrow TiT* \Rightarrow iFiT* \Rightarrow i(iT* \Rightarrow i(iF* \Rightarrow i(i(*$

解析：任何一个文法存在某个句型或句子有两个最左/最右推导，那么这个文法就是二义文法。

2.3 本章小结

【学时】

5分钟。

【教学实施建议】

总结本课程的基本内容及要求如下：

(1) 了解程序语言的发展。

(2) 掌握上下文无关文法的定义。

(3) 掌握最左/最右推导、语法分析树。

(4) 理解文法及语言二义性，并掌握证明文法二义性的方法。

(5) 理解文法的分类。

【课后作业布置】

1. 令文法 G 为：

   N→D|ND

   D→0|1|2|3|4|5|6|7|8|9

   (1) G 的语言 L(G) 是什么？

   (2) 给出句子 0127、34 和 568 的最左推导和最右推导。

2. 写一个文法，使其语言是奇数集，且每个奇数不以 0 开头。

3. 令文法为：

   E→T|E+T|E−T

   T→F|T*F|T/F

   F→(E)|i

   (1) 给出 i+i*i、i*(i+i) 的最左推导和最右推导；

   (2) 给出 i+i+i、i+i*i 和 i−i−i 的语法树。

4. 证明下面的文法是二义性的：

   S→iSeS|iS|i

5. 把下面文法改写成无二义的：

   S→SS|(S)|( )

6. 给出下面语言的相应文法：

   $L_1 = \{a^n b^n c^i | n \geq 1, i \geq 0\}$

$L_2 = \{a^i b^n c^n | n \geq 1, i \geq 0\}$

$L_3 = \{a^n b^n a^m b^m | n, m \geq 0\}$

$L_4 = \{1^n 0^m 1^m 0^n | n, m \geq 0\}$

（对应教材课后 6、7、8、9、10、11 题）

【课后作业答案】

1. 答：

(1) G 的语言 L(G) 是：$L(G) = \{0,1,2,\cdots,9\}^+$

(2) 0127、34 和 568 的最左推导：

$N \Rightarrow ND \Rightarrow NDD \Rightarrow NDDD \Rightarrow DDDD \Rightarrow 0DDD \Rightarrow 01DD \Rightarrow 012D \Rightarrow 0127$

$N \Rightarrow ND \Rightarrow DD \Rightarrow 3D \Rightarrow 34$

$N \Rightarrow ND \Rightarrow NDD \Rightarrow DDD \Rightarrow 5DD \Rightarrow 56D \Rightarrow 568$

0127、34 和 568 的最右推导：

$N \Rightarrow ND \Rightarrow N7 \Rightarrow ND7 \Rightarrow N27 \Rightarrow ND27 \Rightarrow N127 \Rightarrow D127 \Rightarrow 0127$

$N \Rightarrow ND \Rightarrow N4 \Rightarrow D4 \Rightarrow 34$

$N \Rightarrow ND \Rightarrow N8 \Rightarrow ND8 \Rightarrow N68 \Rightarrow D68 \Rightarrow 568$

2. 答：

G(S)：S → O | AO

O → 1 | 3 | 5 | 7 | 9

N → 2 | 4 | 6 | 8 | O

D → 0 | N

A → AD | N

3. 答：

(1) 最左推导：

$E \Rightarrow E+T \Rightarrow T+T \Rightarrow F+T \Rightarrow i+T \Rightarrow i+T*F \Rightarrow i+F*F \Rightarrow i+i*F \Rightarrow i+i*i$

$E \Rightarrow T \Rightarrow T*F \Rightarrow F*F \Rightarrow i*F \Rightarrow i*(E) \Rightarrow i*(E+T) \Rightarrow i*(T+T) \Rightarrow i*(F+T) \Rightarrow i*(i+T) \Rightarrow i*(i+F) \Rightarrow i*(i+i)$

最右推导：

$E \Rightarrow E+T \Rightarrow E+T*F \Rightarrow E+T*i \Rightarrow E+F*i \Rightarrow E+i*i \Rightarrow T+i*i \Rightarrow F+i*i \Rightarrow i+i*i$

$E \Rightarrow T \Rightarrow T*F \Rightarrow T*(E) \Rightarrow T*(E+T) \Rightarrow T*(E+F) \Rightarrow T*(E+i) \Rightarrow T*(T+i) \Rightarrow T*(F+i) \Rightarrow T*(i+i) \Rightarrow F*(i+i) \Rightarrow i*(i+i)$

(2) i+i+i、i+i*i 和 i−i−i 的语法树如图 2.3 所示。

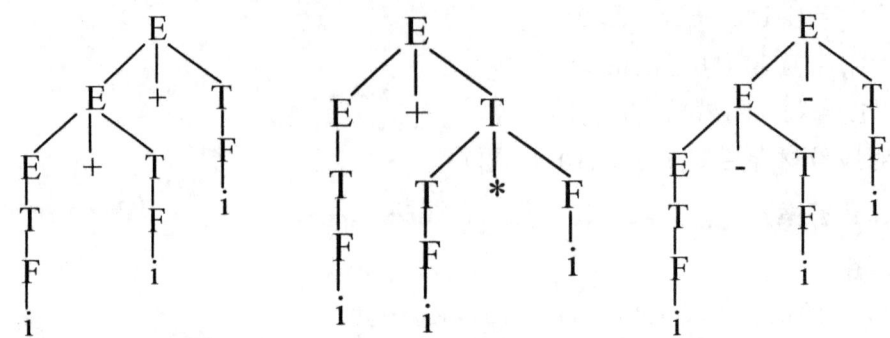

图 2.3 i+i+i、i+i*i 和 i-i-i 的语法树

4. 证明：该文法存在一个句子 iiiei 有两棵不同语法分析树或者说有两个最左/最右推导，如图 2.4 所示，因此该文法是二义的。

S⇒iSeS⇒iSei⇒iiSei⇒iiiei

S⇒iS⇒iiSeS⇒iiSei⇒iiiei（注：这里只给出最右推导）

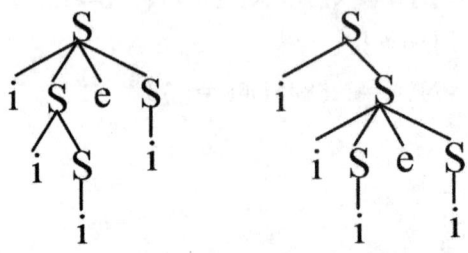

图 2.4 iiiei 对应的两棵语法树

5. 答：

S → TS|T

T → (S)|( )

6. 答：

L_1 对应文法 $G_1(S)$：

S → AC

A → aAb|ab

C → cC|ε

L_2 对应文法 $G_2(S)$：

S → AB

A → aA|ε

B → bBc|bc

L_3 对应文法 $G_3(S)$：

S → AB

A → aAb|ε

B→aBb|ε
L_4 对应文法 $G_4(S)$：
S→A|B
A→0A1|ε
B→1B0|A

第 3 章 词法分析

【本章概述】

编译过程包括五个阶段:词法分析、语法分析、语义分析及中间代码生成、优化和目标代码生成。词法分析作为编译的第一个阶段。完成词法分析的模块叫词法分析器,高级语言源程序首先经过词法分析器识别出单词符号,然后将单词符号输入到语法分析器中继续完成编译后续内容。本章首先学习如何手工设计一个词法分析器,然后介绍一种词法分析器的自动产生方法,这种方法以正规表达式与有限自动机理论为基础,该成果是计算机领域内经典理论和先进技术紧密结合的典范。

【总学时】

4 学时。

【支撑的课程目标和毕业要求】

本单元各知识点的讲授和学习,可以重点支撑"课程目标 2.培养学生选择适当的模型,以形式化的方法去描述语言及其翻译子系统,提升学生的系统设计与实现能力""课程目标 3.强化学生数字化、算法、模块化等专业核心意识,掌握自顶向下、自底向上、递归求解、模块化等典型方法,培养其包括功能划分、多模块协调、形式化描述、程序实现等在内的复杂系统设计实现能力""课程目标 4.使学生理解词法分析、语法分析、语义分析等各阶段的模块设计方法,引导学生分析这些复杂工程问题的解决方案"和"课程目标 5.分析编译系统设计和实现中的相关问题,特别是构建一个较为复杂的软件系统时,对系统设计和实现相关问题进行分析,同时展开相应的实验,对实验结果进行分析和总结",也即毕业要求指标点 2.1、3.1、4.1 和 4.3。通过使用正规式和有限自动机描述词法规则,提高学生系统的设计与实现能力的培养;另外,使学生掌握词法分析器的基本原理和实现方法,能够将专业知识用于解决计算机领域复杂工程问题。

本单元内容较为抽象,首先通过学生较为熟悉的状态图引出有限自动机的概念,从而使学生理解单词的形式化描述方法和词法分析算法,激发学生的学习兴趣。在学生参与到从状态转换图到有限自动机的形式化描述的过程中,提高了学生抽象表示问题的能力,达到课程目标的要求。

3.1 词法分析概述

【学时】

10分钟。

【教学内容】

词法分析的任务;词法分析器的功能及地位。

【教学重点】

词法分析器的功能。

【教学难点】

词法分析器的地位。

【教学目的与要求】

(1) 掌握词法分析的任务。

(2) 掌握词法分析器的功能及地位。

【学情分析】

(1) 学生已经掌握至少一门高级编程语言,并且已经理解和掌握了高级程序语言的结构、主要特征以及语法描述方法。

(2) 本节课学生需要掌握词法分析器的任务和功能,特别是词法分析器的输出结构。

(3) 复习第1章讲过的编译程序里"遍"的概念,让学生理解词法分析程序。

【知识背景】

1975年Lesk第一次提出了基于正则表达式的词法分析器概念,1986年Ahoet al提出了更有效计算ε闭包和压缩DFA状态矩阵的方法,1988年Gray建立了行词法分析方法,1993年Bumbulis和Cowan提出了单遍遍历DFA状态就能完成词法分析的算法。而词法分析器生成器的工作要晚得多,1995年Paxson开发出第一个词法分析器生成器Flex。

【预习安排】

(1) 让学生回顾一下整个编译过程,了解词法分析器在编译程序中的地位。

(2) 回顾一下编译程序中"遍"的概念。

【教学实施建议】

(1) 先给学生强调一下词法分析的任务:从左至右逐个字符对源程序进行扫描,产生一个个的单词符号,把作为字符串的源程序改造成为单词符号串。所以,词法分析器又称扫描器,就是用于执行词法分析的程序。

(2) 把编译程序的总框图打开,让学生清楚词法分析器的地位和作用,特别强调词法分析器的功能:输入源程序输出单词符号,具体的是从输入字符串中,识别出一个具有独立意义的单词符号,并传送给语法程序。

(3) 讲述词法分析器的功能和输出形式,包括几个概念:单词符号及其二元式表达、单词种别、单词自身的值。

(4) 讲述单词符号的分类并举例:关键字、标识符、常数、运算符、界符。

(5) 回顾一下编译程序中"遍"的概念,讲述设计词法分析器的两种方法:作为独立的一遍、作为一个独立的子程序和语法分析放在同一遍。分别引导学生一起思考这两种方法都是怎么做的,哪种用处更好,并根据如图 3.1 所示的示意图,描述词法分析器和语法分析器之间相互作用的关系。

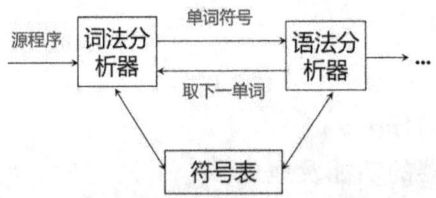

图 3.1 词法分析器和语法分析器关系示意图

【课堂互动】

(1) 课堂上引导学生思考并回答几个问题,以引出本节课的内容:什么是单词符号?单词符号该如何表示?如何识别出单词?

(2) 让学生思考并回答词法分析器在设计时是作为独立的一遍好,还是作为一个独立的子程序和语法分析放在同一遍更好,为什么?

【典型例题】

例 1 词法分析器的输入是_____。
A. 单词符号串　　B. 源程序　　C. 语法单位　　D. 目标程序
答案:B。
解析:词法分析器的输入是源程序,输出是单词符号串。

例 2 编译过程中扫描器的任务包括_____。
① 组织源程序的输入
② 按词法规则分割单词,识别出其属性,并转换成 token 串输出

③删除注解

④删除空格及无用字符

⑤行计数、列计数

⑥发现并定位词法错误

⑦建立符号表

可选项有：

A. ②③④⑦　　　　　　　　　B. ②③④⑥⑦

C. ①②③④⑥⑦　　　　　　　D. ①②③④⑤⑥⑦

答案：D。

解析：以上列的这七项都包含在扫描器的任务以内。

例 3　在词法分析阶段不能识别的是_____。

A. 标识符　　　　B. 运算符　　　　C. 四元式　　　　D. 常数

答案：C

解析：词法分析阶段只能识别源程序的单词符号，关键字、标识符、常数、运算符、界符都是单词符号，但四元式不是。

例 4　词法分析器基于_____进行，即识别的单词是该类文法的句子。

答案：正规文法。

解析：单词符号是由正规式、正规集以及正规文法描述的。

3.2　词法分析器的设计

【学时】

25 分钟。

【教学内容】

词法分析器的结构、超前搜索的概念、状态转换图的概念、状态转换图的实现。

【教学重点】

词法分析器的结构、状态转换图的概念及实现。

【教学难点】

状态转换图的实现。

【教学目的与要求】

(1) 理解词法分析器的结构。

(2) 理解超前搜索的概念。

(3) 掌握状态转换图的概念。

(4) 掌握状态转换图的实现。

【学情分析】

这一节的内容对于学生手工实现词法分析器非常重要,需要让学生掌握词法分析器的结构,理解相关概念,能画出待编译的高级语言单词符号的状态转换图,并实现该状态转换图。

【预习安排】

(1) 安排学生了解状态转换图,以及状态转换图的使用场景。

(2) 安排学生自学状态转换图到源程序的转换过程。

【教学实施建议】

(1) 根据词法分析器的示意图,讲述各部分的构成:预处理子程序、输入缓冲区、扫描缓冲区、扫描器,如图 3.2 所示。

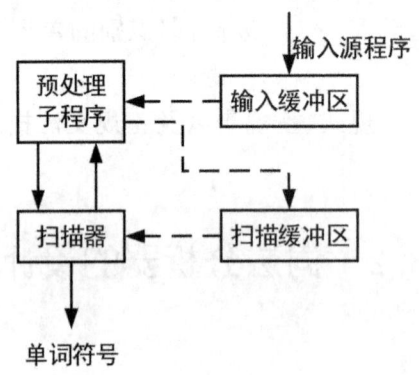

图 3.2　词法分析器的示意图

(2) 特别介绍扫描缓冲区的两个指示器:起点指示器和搜索指示器。

(3) 给学生介绍源程序输入缓冲区采用的是对半互补结构,采用一个示例与学生讨论为什么要用对半互补结构。

(4) 讲述超前搜索的概念,以及超前搜索的原因,和学生一起讨论超前搜索在什么时候使用。

(5) 介绍词法分析的设计工具——状态转换图以及状态转换图的实现。

(6) 和同学们一起讨论,如果不使用超前搜索,需要对语言的词法做一些限制,比如:所有基本字都是保留字;用户不能用它们作为自己的标识符;基本字作为特殊的标识符来处理,使用保留字表;若基本字、标识符和常数(或标号)之间没有确定的运算符或界限符作间隔,则必须使用一个空白符作间隔。

【课堂互动】

(1) 利用具体示例让学生讨论源程序输入缓冲区为什么采用对半互补结构。

(2) 和学生们讨论在什么情况下会使用到超前搜索，如果不使用超前搜索，需要哪些限制。

【典型例题】

例 1 如图 3.3 所示的状态转换图接受的字集是_____。

A. 以 0 开头的二进制数组成的集合

B. 以 0 结尾的二进制数组成的集合

C. 含奇数个 0 的二进制数组成的集合

D. 含偶数个 0 的二进制数组成的集合

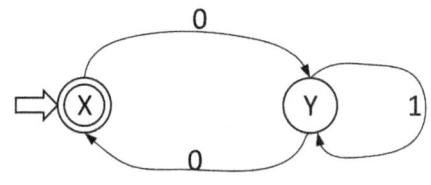

图 3.3 状态转换图

答案：D。

例 2 构造一个识别某个简单语言的所有单词符号的转换图，简单语言单词符号及内部表示如表 3.1 所示。

表 3.1 某个简单语言单词符号及内码值

单词符号	种别编码	内码值
begin	1	—
end	2	—
if	3	—
then	4	—
else	5	—
while	6	—
do	7	—
标识符	8	内部字符串
整常数	9	二进制形式
+	10	—
—	11	—

续表

单词符号	种别编码	内码值
*	12	—
/	13	—
⇐	14	—
<>	15	—
<	16	—
:	17	—
:=	18	—
;	19	—

该语言设定的规则如下：

（1）关键字作为一类特殊的标识符来处理，不设对应的转换图，需把关键字预先安排在关键字表中。

（2）规定若关键字、标识符和常数之间没有确定的运算符或界限符作间隔，则必须至少用一个空白符作间隔。

答案：根据题意描述，可以画出该语言进行词法分析的状态转换图如图 3.4 所示。

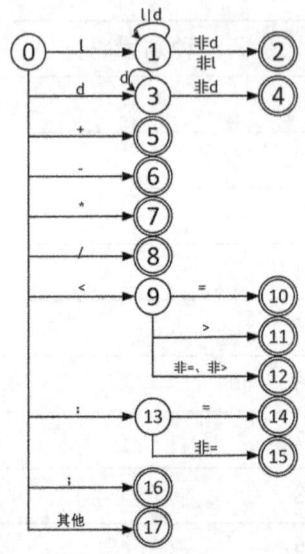

图 3.4　简单小语言词法分析的状态转换图

解析：状态 0 为初态，带双圈者均为终态；状态 17 是识别不出单词符号的出错情况。l 代表任一字母，d 代表任一数字。

3.3 正规表达式与有限自动机

【学时】

135 分钟。

【教学内容】

正规集和正规式；确定有限自动机 DFA；非确定有限自动机 NFA；NFA 转换成 DFA；DFA 化简；NFA 和正规式等价。

【教学重点】

有限自动机的概念；NFA 转换成 DFA；NFA 和正规式等价。

【教学难点】

NFA 转换成 DFA；NFA 和正规式等价。

【教学目的与要求】

（1）掌握正规式和正规集的定义，以及用正规式、有限自动机描述单词的方法。

（2）掌握正规式/正规集、DFA、NFA 之间的关系及其转换。

（3）掌握依据正规式/正规集、有限自动机进行系统实现的方法。

【学情分析】

（1）学生已经掌握手动实现词法分析器的方法，对自动实现词法分析器的理论比较感兴趣。

（2）这一部分的内容基于形式化表达以及有限自动机理论，理论性比较强，内容掌握起来也比较难，一定要求学生明白这些理论的用处是什么；可以利用一些自动化的工具自动生成词法分析程序，可以提升大家的学习热情。

【知识背景】

正则表达式可以一直追溯到科学家对人类神经系统工作原理的早期研究。美国新泽西州的 Warren McCulloch 和出生在美国底特律的 Walter Pitts 这两位神经生理方面的科学家，研究出了一种用数学方式来描述神经网络的新方法，他们创造性地将神经系统中的神经元描述成了小而简单的自动控制元，从而形成了一项伟大的创新。

在 1956 年数学科学家 Stephen Kleene 在 Warren McCulloch 和 Walter Pitts

早期工作的基础之上,发表了论文《神经网事件的表示法》,引入了正则表达式概念。正则表达式被作为用来描述其称之为"正则集的代数"的一种表达式,因而采用"正则表达式"这个术语。之后一段时间,人们发现可以将这一工作成果应用于其他方面。Ken Thompson 就把这一成果应用于计算搜索算法的一些早期研究,Ken Thompson 是 Unix 的主要发明人,是大名鼎鼎的 Unix 之父。Unix 之父将此符号系统引入编辑器 qed,然后是 Unix 上的编辑器 ed,并最终引入 grep(一种文本搜索工具)。Jeffrey Friedl 在其著作《Mastering Regular Expressions》中对此作了进一步阐述,如果希望了解更多正则表达式的理论和历史,推荐你看看这本书。

自此以后,正则表达式被广泛地应用到各种 Unix 或类似于 Unix 的工具中,如大家熟知的 Perl。Perl 的正则表达式源自于 Henry Spencer 编写的 regex,之后已演化成了 pcre(Perl 兼容正则表达式 Perl Compatible Regular Expressions),pcre 是一个由 Philip Hazel 开发的、很多现代工具所使用的库。正则表达式的第一个实用应用程序即为 Unix 中的 qed 编辑器。

然后,正则表达式在各种计算机语言或各种应用领域得到了广泛的应用和发展,如今正则表达式在基于文本的编辑器和搜索工具中依然占据着非常重要的地位,正则表达式逐渐从模糊而深奥的数学概念,发展成为在计算机各类工具和软件包应用中的主要功能。不仅仅众多 Unix 工具支持正则表达式,近 20 年来,在 Windows 的阵营下,正则表达式的思想和应用在大部分 Windows 开发者工具包中得到支持和嵌入应用,Windows 系列产品对正则表达式的支持发展到无与伦比的高度,几乎所有 Microsoft 开发者和所有.NET 语言都可以使用正则表达式。

有限自动机又称为有穷状态的机器,它由一个有限的内部状态集和一组控制规则组成,这些规则是用来控制在当前状态下读入输入符号后应转向什么状态。有限状态系统最初的形式研究是在 1943 年 McCulloeh 和 Pitts 提出来的,有限自动机是一种数学模型,它可以用来描述识别输入符号串的过程,在这个机器中,它的状态总是处于有限状态中的某一个状态,系统的当前状态概括了有关历史的信息,这些历史信息对于后来的输入所能确定的系统状态是不可少的。简单地说,也就是要根据当前系统的状态和下一个输入的符号才能确定下一个状态。例如电梯的控制机构,顾客的服务要求(即所要到达的楼层)是该装置的输入信息,而电梯所处的层数及运动方向(上或者下)则表示该装置的状态,这个装置并不记住所有先前服务要求,而仅仅记住是在几楼,运动的方向及尚未满足的服务要求。在计算机科学中,可以找到许多有限状态系统的例子,如计算机本身也可以认为是一个有限状态系统,尽管其状态数目可能很大,但仍然是有限的。有限自动机理论是设计这些系统的有效工具,研究有限状态系统的重要原因是概念的自然性和应用的广泛性。例如,在编译器中,人们主要用自动机来识别程序设计语言中的单词,但是它不能用来描述表达式、语句等复杂的语法结构。

有限自动机与正规文法和正规式有着非常密切的关系,它们的描述能力是相同的,因此,有限自动机是用来识别正规式的重要工具。有限自动机是描述符号串处理的强有力工具,是研究扫描器的理论基础,使用有限自动机来构造词法分析程序是一种比较好的途径。

【预习安排】

(1) 安排学生回顾一下以前在程序设计时曾经遇到过的正则表达式。
(2) 让学生了解什么是有限自动机。
(3) 安排学生回顾一些基本概念:字母表、字符、字符串、空字、字的全体、连接(积)、闭包、正则闭包。

【教学实施建议】

(1) 首先给学生们强调:这一节是关于词法分析器自动生成的理论部分,是经典理论和先进技术的代表。正是由于这些理论,我们设计词法分析器再也不用手工编写大量程序了,可以利用一些自动化的工具自动生成词法分析程序。

(2) 这一部分内容较多,梳理一下总共分三部分:第一部分是单词符号的形式化描述,第二部分是有限自动机理论,第三部分是正规式与有限自动机的等价。

(3) 首先开始第一部分单词符号的形式化描述,这一部分内容是讲述词法规则的两种形式化方法:正规集和正规式。给出正规式和正规集的递归定义,跟学生强调程序设计语言的单词符号都是一些特殊的字符串,可以用正规集和正规式来描述。

(4) 通过实例讲解正规式等价性的概念:若两个正规式所表示的正规集相同,则称这两个正规式等价,利用这种正规式和正规集的对应关系,可以证明两个正规式等价。

(5) 讲解正规式的运算:或、连接积和闭包。其中"|"(或):表示从各选择对象中选择;"•"(连接积):表示两个正规式连接;"*"(闭包):表示任意有限次的自重复连接。

(6) 举例说明带运算符正规式的含义,其中解释的含义就对应着正规集,并给出实例说明。

(7) 讲解正规式的性质,包括交换律、结合律和分配律,还包含有带ε的正规式。

(8) 总结正规式和正规集的关系:正规式和正规集是一组对应的概念,二者的作用一样,都可以形式化地描述程序语言的词法规则,这里一定给学生强调正规式和正规集是一一等价的。

(9) 引入新概念——有限自动机(FA),包括确定有限自动机(DFA)和非确定有限自动机(NFA),用于形式化表达词法规则。并且给学生讲清楚,有限自动机是由一个有限的内部状态集和一组控制规则组成,这些规则是用来控制在当前状态下读入输入符号后应转向什么状态,是一种数学模型,可以用来描述识别输入符号串的过程。并且给学生强调它是一个非常好的用于自动词法分析的工具。

(10) 介绍确定有限自动机(DFA)的概念,引导学生回忆手动实现词法分析时的工具——状态转换图及代码编写方法,说明有限自动机帮助自动实现词法分析的关键所在。

(11) 讲述识别(读出/接受)的概念:对于任何 Σ^* 中的任何字 α,若存在一条从初态结点到某一终态结点的通路,且这条通路上所有弧的标记符连接成的字等于 α,则称 α 可为 DFA M 所识别(接受/读出)。

(12) 给出说明字符集上的 DFA 识别的字符串是正规的定理如下:

Σ 上的一个字集 $V \subseteq \Sigma^*$ 是正规的,当且仅当存在 Σ 上的 DFA M,使得 V=L(M)。

(13) 给出几个 DFA 的实例,让学生考虑它们能识别的语言是什么,这样可以加深对 DFA 的理解和掌握。

(14) 介绍非确定的有限自动机(NFA)的概念,讲述识别(读出/接受)的概念,并给出一些 NFA 的实例,让学生考虑它们对应的语言是什么,进一步加深对 NFA 的理解和掌握。

(15) 将 DFA 和 NFA 做对比,带领学生思考两种自动机的用途,NFA 容易进行人工设计,表达高级语言词法的正规式非常容易设计成 NFA,而 DFA 简单清晰容易由程序自动执行。

(16) 给出"等价"的概念,对于每个 NFA M 存在一个 DFA M′,使得 L(M)=L(M′),说明 DFA 与 NFA 识别能力相同,二者等价。

(17) 这里需要证明 NFA 和 DFA 是等价的,自动机理论中有一个重要的结论:判定两个自动机等价性的算法是存在的。这是一个构造性的证明,也就是采用一个算法,可以把任何一个 NFA 转换成等价的 DFA,亦即 DFA 与 NFA 描述能力相同。换句话说就是:对于任何的 NFA 都能构造出一个与之对应的 DFA,这一过程是将 NFA 进行确定化。

(18) 讲述 NFA 确定化过程:

①首先对 NFA 进行改造:引进新的初态结点 X 和终态结点 Y,X、Y $\notin$ S,从 X 到 S_0 中任意状态结点连一条ε箭弧,从 F 中任意状态结点连一条ε箭弧到 Y。

②再按如图 3.5 所示的三条规则对 NFA M 的状态图进行分裂:

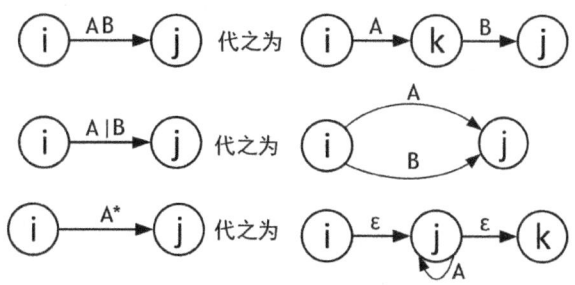

图 3.5 NFA 确定化对应规则

③逐步把这个图转变为每条弧只标记为Σ上的一个字符或ε,最后得到一个NFA M′,显然 L(M′)=L(M)。

④采用子集法对改变以后的NFA进行确定化,转换成DFA。子集法是一个很重要的方法,后面还会用到,这里要详细给学生讲解,还要给出一个实例进行说明。

(19) 采用子集法得到的 DFA 的状态不是最简的,需要化简。化简的办法是找 DFA 中等价状态进行合并,具体是将 DFA M 的状态集分割成一些两两不相交的子集,使得任何两个不同子集中的状态都是可区别的,而同一子集中的任何两个状态都是等价的,这样以一个状态作为代表删去其他等价的状态,就获得了状态个数最少的 DFA。这一部分也要采用实例法给学生讲解,有助于学生的理解。

(20) 和学生一起梳理所学内容之间的关系,如图 3.6 所示。由于 NFA 非常容易进行人工设计,正规式如果能转化成 NFA,NFA 和 DFA 又是等价的,化简以后的 DFA 非常简单清晰,其状态转换图可以进行一般化,能由应用程序自动执行;因此,后面的工作就是能证明正规式和 NFA 等价,给学生强调这是本节课的重难点部分。

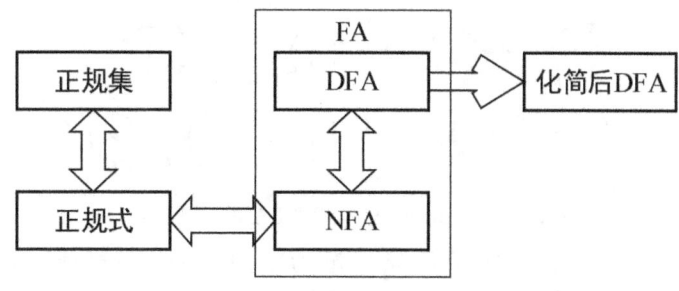

图 3.6 课程概念关系图

(21) 证明正规式与有限自动机的等价性,证明过程分两步:第一步是对任何 FA M,都存在一个正规式 r,使得 L(r)=L(M);第二步是对任何正规式 r,都存在一个 FA M,使得 L(M)=L(r)。简单来说,就是为正规式构造 NFA 以及为 NFA 构造正规式。

(22) 为 NFA 构造正规式方法如下:

①对转换图概念拓广,令每条弧可用一个正规式作标记。

②假定 NFA M=<S, Σ, δ, S_0, F>,我们对 M 的状态转换图进行以下改造:在 M 的转换图上加进两个状态 X 和 Y,从 X 用 ε 弧连接到 M 的所有初态结点,从 M 的所有终态结点用 ε 弧连接到 Y,从而形成一个新的 NFA,记为 M′,它只有一个初态 X 和一个终态 Y,显然 L(M)=L(M′)。然后,反复使用如图 3.7 所示的三条规则,逐步消去结点,直到只剩下 X 和 Y 为止。

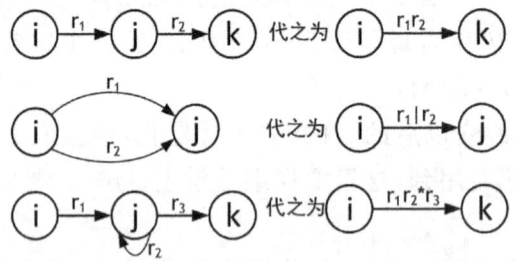

图 3.7　NFA 构造正规式的规则

③显然,X 到 Y 的弧上标记的正规式即为所构造的正规式 r。

(23) 为正规式构造 NFA 方法,是等价地将正规表达式转换为有限自动机的算法:

①构造 Σ 上的 NFA M′ 使得 L(r)=L(M′),首先把 r 表示成如图 3.8 所示。

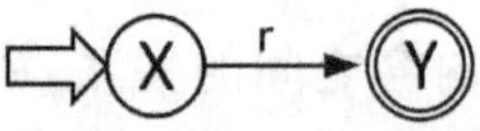

图 3.8　为正规式构造 NFA 的规则(1)

②按如图 3.9 所示的三条规则对 r 进行分裂。

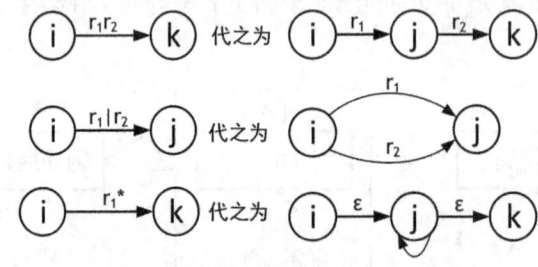

图 3.9　为正规式构造 NFA 的规则(2)

③逐步把这个图转变为每条弧只标记为 Σ 上的一个字符或 ε,最后得到一个 NFA M′,显然 L(M′)=L(r)。

(24) 和学生一起梳理清楚自动实现词法分析的过程:用正则表达式描述语言,然后转换成 NFA,确定并化简成 DFA,DFA 中的状态转换图可以自动与代码对应,这样就自动实现词法分析了。

(25) 上述每一步讲述的内容,都需要配合实例讲解,还需要让学生做一些练习,这样才可以加深理解。

【学情分析】

(1) 学这一部分内容之前,同学们都已经掌握如何手工实现词法分析器,针对一个高级语言的词法规则,可以画出相应的状态转换图,而状态转换图可以由程序直接实现。

(2) 这一部分内容比较难以理解,一定帮同学们梳理清楚正规表达式和有限自动机理论如何支持词法分析器的自动生成。

【课堂互动】

(1) 引导大家回忆以前见过的正则表达式,并考虑一些语法规则相对应的正则表达式是什么样子的。

(2) 由老师带领学生一起梳理本节课的内容,理解正规表达式和有限自动机理论如何支持词法分析器的自动生成。

(3) 由于本节课的内容比较抽象,理论性比较强,需要结合实例讲解,必要时让学生做一些练习,或者把课堂交给学生,让他们来讲解,这样可以加深理解。

【典型例题】

例 1 已知字母表 $\Sigma=\{a,b,c\}$,试求在该字母表上的仅包括一个 b 的所有串的集合相对应的正规式。

答案:$(a|c)^* b (a|c)^*$。

例 2 正规式 M1 和 M2 等价是指_____。

A. M1 和 M2 的状态数相等

B. M1 和 M2 的有向弧条数相等

C. M1 和 M2 所表示的语言集相等

D. M1 和 M2 的状态数与有向弧条数相等

答案:C。

例 3 令 $\Sigma=\{a,b\}$,Σ 上的正规式 $(a|b)^*(aa|bb)(a|b)^*$ 代表的语言是_____。

答案:Σ 上所有含有两个相继的 a 或两个相继的 b 的字。

例 4 为正规式 $b(a|b)^* aa$ 构造与之等价且状态最少的 DFA。

答案:根据正规式 $b(a|b)^* aa$ 构造相应的 NFA 如图 3.10 所示。

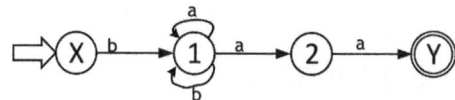

图 3.10 正规式 $b(a|b)^* aa$ 构造的 NFA

根据子集法将 NFA 转换成 DFA,确定化的状态转换矩阵如表 3.2 所示。

表 3.2　确定化的状态转换矩阵

I	I_a	I_b
{X}	{ }	{1}
{1}	{1,2}	{1}
{1,2}	{1,2,Y}	{1}
{1,2,Y}	{1,2,Y}	{1}

重新命名以后如表 3.3 所示。

表 3.3　重命名的状态转换矩阵

I	I_a	I_b
0	—	1
1	2	1
2	3	1
3	3	1

化简 DFA,因为四种状态中,2 和 3 的后继状态均相同,但是由于 2 不是终态,而 3 为终态,因此这四种状态都是不等价的,因此不用再继续化简了。

解析:根据给出的正规式求出 NFA,再用状态转换表进行确定化,最后再最小化。

3.4　词法分析器的自动产生

【学时】

5 分钟。

【教学内容】

词法分析器语言 LEX 及实现简介。

【教学重点】

词法分析器语言 LEX 的实现思路。

【教学难点】

LEX 简介。

【教学目的与要求】

了解词法分析器语言 LEX 及实现思路。

【学情分析】

学生已经掌握了正规表达式和有限自动机理论,对该理论支持的词法分析器的自动产生方法有所了解,所以本节课简单介绍自动词法分析程序生成器 LEX。

【知识背景】

20 世纪 50 年代中期出现了 Fortran 等一批高级语言,相应的一批编译系统开发成功。随着编译技术的发展和社会对编译程序需求的不断增长,20 世纪 50 年代末有人开始研究编译程序的自动生成工具,提出并研制编译程序的编译程序。它的功能是从任一语义的词法规则、语法规则和语义解释出发,自动产生该语言的编译程序。目前很多自动生成工具已广泛使用,如词法分析程序的生成系统 LEX、语法分析程序的生成系统 YACC 等。

【教学实施建议】

简单介绍自动词法分析程序生成器 LEX 的结构以及实现思路。

【课堂互动】

引导同学们讨论如何使用 LEX 以及如何利用 LEX 自动生成词法分析程序。

3.5 本章小结

【学时】

5 分钟。

【教学实施建议】

总结本课程的基本内容及要求如下:

(1) 了解词法分析器的功能、输入/输出形式。

(2) 掌握状态转换图及其实现。

(3) 掌握正规文法、正规式和正规集的定义,以及用正规式、正规文法、有限自动机描述单词的方法。

(4) 掌握正规式/正规集、DFA、NFA 之间的关系及其转换。

(5) 掌握依据正规式、正规文法、有限自动机进行系统实现的方法。

【课后作业布置】

1. 令 A、B、C 是任意正规式,证明以下关系成立：

(1) A|A=A；

(2) $(A^*)^* = A^*$；

(3) $A^* = \varepsilon|AA^*$；

(4) $(AB)^*A = A(BA)^*$。

2. 构造下列正规式相应的 DFA：

(1)$1(0|1)^*101$； (2)$0^*10^*10^*10^*$。

3. 给出下面正规表达式：

(1) 以 01 结尾的二进制数串；

(2) 能被 5 整除的十进制整数；

(3) 包含奇数个 1 或奇数个 0 的二进制数串。

4. 对下面情况给出 DFA 及正规表达式：{0,1}上的含有子串 010 的所有串。

5. 将图 3.11(a)和(b)分别确定化和最少化。

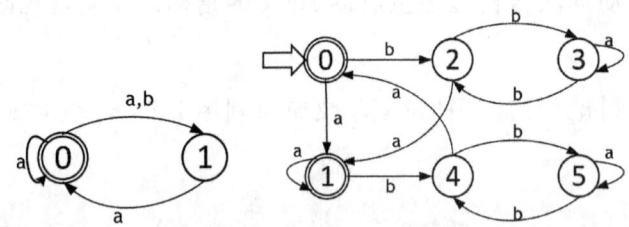

图 3.11 第 5 题有限自动机

(a)需确定化的有限自动机　　　　(b)需最小化的有限自动机

(对应教材课后 6(1—4)、7(1)(3)、8(1)(2)(3)、9(1)、12 题)

【课后作业答案】

1.

(1) 证明：

因为 $L(A|A) = L(A) \cup L(A) = L(A)$，

所以有 A|A=A。

(2) 证明：

因为 $L((A^*)^*) = (A^*)^0 \cup (A^*)^1 \cup (A^*)^2 \cup \cdots = A^* \cup A^*A^* \cdots = A^*$，

所以 $(A^*)^* = A^*$。

(3) 证明：

$L(\varepsilon|AA^*) = L(\varepsilon) \cup L(A)L(A^*) = L(\varepsilon) \cup L(A)(L(A))^*$

$= L(\varepsilon) \cup L(A)((L(A))^0 \cup (L(A))^1 \cup (L(A))^2 \cup (L(A))^3 \cup \cdots)$

$= L(\varepsilon) \bigcup (L(A))^1 \bigcup (L(A))^2 \bigcup (L(A))^3 \bigcup (L(A))^4 \bigcup \cdots$

$= (L(A))^* = L(A^*)$,

即 $L(\varepsilon | AA^*) = L(A^*)$,所以有 $A^* = \varepsilon | A A^*$。

(4) 证明：

因为 $(AB)^* A = ((AB)^0 | (AB)^1 | (AB)^2 | (AB)^3 | \cdots) A$

$= \varepsilon A | (AB)^1 A | (AB)^2 A | (AB)^3 A | \cdots$

$= A\varepsilon | A (BA)^1 | A (BA)^2 | A (BA)^3 | \cdots$

$= A(\varepsilon | (BA)^1 | (BA)^2 | (BA)^3 | \cdots)$

$= A((BA)^0 | (BA)^1 | (BA)^2 | (BA)^3 | \cdots)$

$= A(BA)^*$,

所以 $(AB)^* A = A(BA)^*$。

2. 答：

(1) 第一步：根据正规式构造 NFA，如图 3.12 所示。

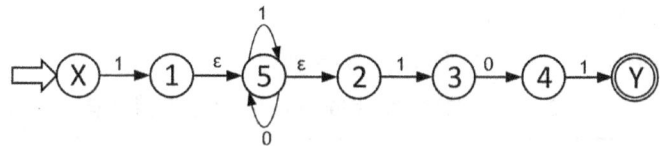

图 3.12　第 2(1)根据正规式构造的 NFA

第二步：确定化，构造状态转换矩阵如表 3.4 所示。

表 3.4　第 2(1)题状态转换矩阵

I	I_0	I_1
{X}	—	{1,5,2}
{1,5,2}	{5,2}	{5,3,2}
{5,2}	{5,2}	{5,3,2}
{5,3,2}	{5,4,2}	{5,3,2}
{5,4,2}	{5,2}	{5,Y,3,2}
{5,Y,3,2}	{5,4,2}	{5,3,2}

重命名以后的状态转换矩阵如表 3.5 所示。

表 3.5　第 2(1)题重命名以后的状态转换矩阵

S	0	1
0	—	1
1	2	3

续表

S	0	1
2	2	3
3	4	3
4	2	5
5	4	3

第三步:化简。

初始分组{0,1,2,3,4}{5},

考察$\{0,1,2,3,4\}_0=\{2,4\}$,$\{0,1,2,3,4\}_1=\{1,3,5\}$,

所以分化为{0,1,2,3}、{4}、{5};

再考察$\{0,1,2,3\}_0=\{2,4\}$,所以分化为{0,1,2,}、{3}、{4}、{5};

再考察$\{0,1,2\}_0=\{2\}$,$\{0,1,2\}_1=\{1,3\}$,

所以分化为{0}、{1,2}、{3}、{4}、{5}。

化简以后的状态转换矩阵如表3.6所示。

表3.6 第2(1)题化简以后的状态转换矩阵

S	0	1
0	—	1
1	1	2
2	3	2
3	1	4
4	3	2

第四步:画出状态转换图,如图3.13所示。

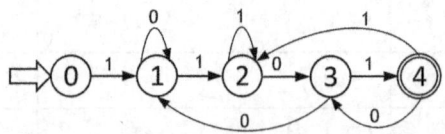

图3.13 第2(1)题最终DFA的状态转换图

(2) 第一步:根据正规式构造NFA,如图3.14所示。

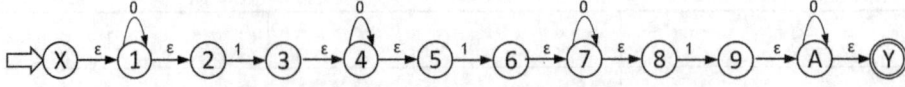

图3.14 第2(2)根据正规式构造的NFA

第二步:确定化,构造状态转换矩阵如表3.7所示。

表3.7 第2(2)题确定化后的状态转换矩阵

I	I_0	I_1
{X,1,2}	{1,2}	{3,4,5}
{1,2}	{1,2}	{3,4,5}
{3,4,5}	{4,5}	{6,7,8}
{4,5}	{4,5}	{6,7,8}
{6,7,8}	{7,8}	{9,A,Y}
{7,8}	{7,8}	{9,A,Y}
{9,A,Y}	{A,Y}	—
{A,Y}	{A,Y}	—

重命名以后的状态转换矩阵如表3.8所示。

表3.8 第2(2)题重命名后的状态转换矩阵

I	I_0	I_1
0	1	2
1	1	2
2	3	4
3	3	4
4	5	6
5	5	6
6	7	—
7	7	—

第三步:化简。

初始分组{0,1,2,3,4,5}{6,7},

考察$\{0,1,2,3,4,5\}_0=\{1,3,5\}$,$\{0,1,2,3,4,5\}_1=\{2,4,6\}$,

$\{6,7\}_0=\{7\}$,$\{6,7\}_1=\{\}$, 不用分;

所以分化为{0,1,2,3}、{4,5}、{6,7};

再考察$\{0,1,2,3\}_0=\{1,3\}$,$\{0,1,2,3\}_1=\{2,4\}$,

所以分化为{0,1,}、{2,3}、{4,5}、{6,7};

再考察$\{0,1\}_0=\{1\}$,$\{0,1\}_1=\{2\}$, 不用分;

再考察$\{2,3\}_0=\{3\}$,$\{2,3\}_1=\{4\}$, 不用分;
再考察$\{4,5\}_0=\{5\}$,$\{4,5\}_1=\{6\}$, 不用分;
所以分化为$\{0,1\}$、$\{2,3\}$、$\{4,5\}$、$\{6,7\}$。
化简之后的状态转换矩阵如表3.9所示。

表3.9 第2(2)题化简后的状态转换矩阵

S	0	1
0	0	1
1	1	2
2	2	3
3	3	—

DFA的状态转换图如图3.15所示。

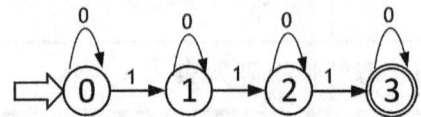

图3.15 第2(2)题DFA的状态转换图

3. 答:(1)$(0|1)^*01$;

(2)$(0|1|2|3|4|5|6|7|8|9)^*,(0|5)$;

(3)$0^*|(0|10^*1|1^*0(1|0|1^*0)^*$。

4. 答:

第一步,按字面意思写出正规式:$(0|1)^*(010)(0|1)^*$。

第二步,画出相应NFA,如图3.16所示。

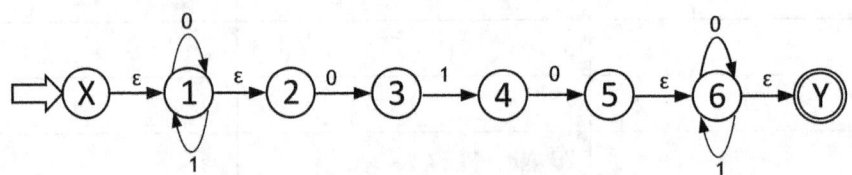

图3.16 第4题NFA的状态转换图

第三步,确定化,构造状态转换矩阵如表3.10所示。

表3.10 第4题确定化后的状态转换矩阵

I	I_0	I_1
$\{X,1,2\}$	$\{1,2,3\}$	$\{1,2\}$
$\{1,2,3\}$	$\{1,2,3\}$	$\{1,2,4\}$
$\{1,2\}$	$\{1,2,3\}$	$\{1,2\}$

续表

I	I0	I1
{1,2,4}	{1,2,3,5,6,Y}	{1,2}
{1,2,3,5,6,Y}	{1,2,3,6,Y}	{1,2,4,6,Y}
{1,2,3,6,Y}	{1,2,3,6,Y}	{1,2,4,6,Y}
{1,2,4,6,Y}	{1,2,3,5,6,Y}	{1,2,6,Y}
{1,2,6,Y}	{1,2,3,6,Y}	{1,2,6,Y}

重命名以后的状态转换矩阵如表 3.11 所示。

表 3.11 第 4 题重命名后的状态转换矩阵

I	I_0	I_1
0	1	2
1	1	3
2	1	2
3	4	2
4	5	6
5	5	6
6	4	7
7	5	7

状态转换图如图 3.17 所示。

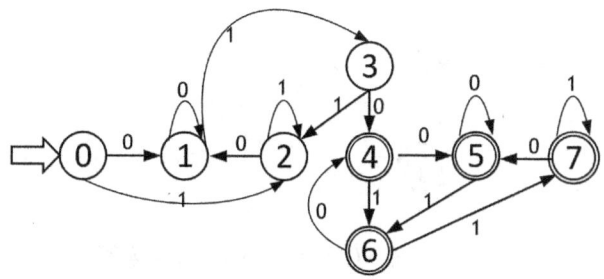

图 3.17 第 4 题的状态转换图

5. 答:(1)状态转换图如图 3.18 所示。

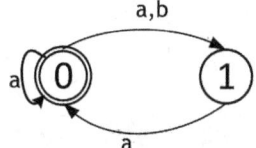

图 3.18 第 5(1)题状态转换图

确定化的状态转换矩阵如表 3.12 所示。

表 3.12　第 5(1)题确定化的状态转换矩阵

I	I_a	I_b
{0}	{0,1}	{1}
{0,1}	{0,1}	{1}
{1}	{0}	—

重命名以后的状态转换矩阵如表 3.13 所示。

表 3.13　第 5(1)题重命名以后的状态转换矩阵

I	I_a	I_b
0	1	2
1	1	2
2	0	—

确定后的状态转换图如图 3.19 所示

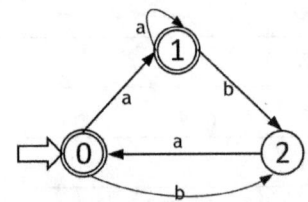

图 3.19　第 5(1)题确定后的状态转换图

(2)状态转换图如图 3.20 所示。

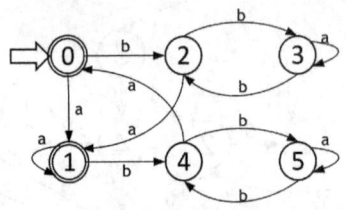

图 3.20　第 5(2)题 DFA 状态转换图

初始分组{0,1}　{2,3,4,5}，
考察{2,3,4,5}$_a$＝{1,3,0,5}，所以分化为{2,4}{3,5}，
最终形成划分{0,1}　{2,4}　{3,5}。
最少化后的 DFA 如图 3.21 所示。

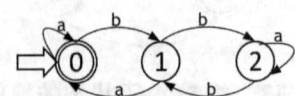

图 3.21　第 5(2)题最少化后的 DFA

第4章 语法分析—自上而下分析

【本章概述】

语法分析是编译过程的第二个阶段,它的前一个步骤是词法分析,执行语法分析的程序模块叫做语法分析器。高级语言的源程序经过词法分析得到单词符号,语法分析在此基础上分析并判定程序的语法结构是否符合语法规则。高级语言的语法结构适合用上下文无关文法描述,我们将上下文无关文法用作语法分析的基础。按照语法分析树的建立方法,语法分析方法简单可以分为两类:一类是自上而下分析法,一类是自下而上分析法。本章主要介绍自上而下分析法。

【总学时】

5学时。

【支撑的课程目标和毕业要求】

本单元各知识点的讲授和学习,可以重点支撑"课程目标2.培养学生选择适当的模型,以形式化的方法描述语言及其翻译子系统,提升学生的系统设计与实现能力""课程目标3.强化学生数字化、算法、模块化等专业核心意识,掌握自顶向下、自底向上、递归求解、模块化等典型方法,培养其包括功能划分、多模块协调、形式化描述、程序实现等在内的复杂系统设计实现能力""课程目标4.使学生理解词法分析、语法分析、语义分析等各阶段的模块设计方法,引导学生分析这些复杂工程问题的解决方案"和"课程目标5.分析编译系统设计和实现中的相关问题,特别是构建一个较为复杂的软件系统时,对系统设计和实现相关问题进行分析,同时展开相应的实验,对实验结果进行分析和总结",也即毕业要求指标点2.1、3.1、4.1和4.3。使学生理解用上下文无关文法描述语法规则,并将它们用于系统的设计与实现能力的培养;另外,使学生掌握自上而下语法分析器的基本原理和实现方法,能够将专业知识用于解决计算机领域复杂工程问题。

本单元的教学要注意降低学生理解算法的难度,提高学生学习兴趣。首先,可以通过设计几个"小引例",让学生理解自上而下分析中会出现哪些问题,从而引出LL(1)文法需要满足的条件;然后,通过黑板板书算法推导过程,让学生参与到整个过程,培养学生依据所学知识进行问题求解的能力,达到课程目标的要求。

4.1 语法分析基本概念

【学时】

  10 分钟。

【教学内容】

  语法分析的任务;语法分析器在编译器中的地位;语法分析的两类方法。

【教学重点】

  语法分析的任务;语法分析的两类方法。

【教学难点】

  语法分析的两类方法。

【教学目的与要求】

  (1) 掌握语法分析的任务。
  (2) 理解语法分析器在编译器中的地位。
  (3) 掌握语法分析的两类方法。

【学情分析】

  (1) 学生已经掌握词法分析的方法,也已经了解语法分析的功能。
  (2) 本节课要求学生掌握语法分析具体任务和两类方法,理解语法分析器在编译器中的地位。

【知识背景】

关于语法分析器的历史

  1963 年,Conway 描述了基于 FIRST 集合的语法分析器。1968 年,Lewis 和 Stearns 第一次提出了 LL(k)文法理论。1965 年,Knuth 提出了 LR(k)理论,SLR 和 LALR 理论则由 Deremer 在 1971 年提出。1975 年,第一个语法分析生成器 YACC 问世。1987 年,Burke 和 Fisher 提出了错误回溯问题。1996 年,JavaCup 问世,它是第一个基于 Java 的编译器生成器。

【预习安排】

  安排学生回顾并掌握本节课需要用到的概念:上下文无关文法、句子、句型以及语言。

第4章 语法分析—自上而下分析

【教学实施建议】

(1) 列出编译程序的总框图,对照着总框图复习一下编译过程五个步骤对应的程序模块,并说明本节课对应着词法分析的任务以及词法分析器的功能。

(2) 领着学生回顾本节课需要用到的几个概念:上下文无关文法、句子、句型以及语言。

(3) 强调语法分析的前提是对语言的语法结构进行描述,包括采用正规式和有限自动机描述、识别语言的单词符号,用上下文无关文法来描述语法规则。

(4) 讲述语法分析的任务是分析一个文法的句子结构;语法分析器的功能是按照文法的产生式(语言的语法规则),识别输入符号串是否为一个句子(合式程序)。

(5) 讲述语法分析器在编译器中的地位,如图 4.1 所示。

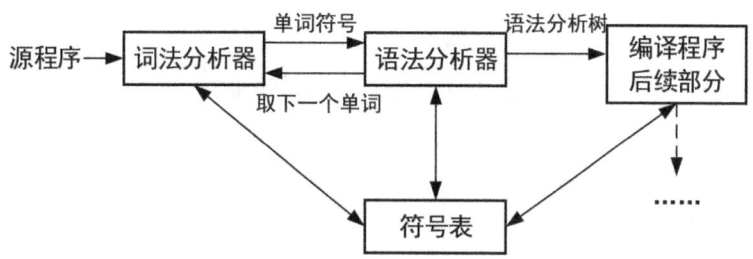

图 4.1　语法分析器在编译器中的地位

(6) 介绍两种语法分析方法:自下而上和自上而下。自下而上方法是:从输入串开始,逐步进行归约,直到文法的开始符号,其实就是从叶节点开始构造语法树,具体方法包括算符优先分析法、LR 分析法。自上而下方法是:从文法的开始符号出发,反复使用各种产生式,寻找"匹配"的推导,其实就是从根节点开始构造语法树,具体方法包括递归下降分析法、预测分析程序。

(7) 这里再次强调"归约"和"推导"的概念:

① 归约是根据文法的产生式规则,把串中出现的产生式的右部符号替换成左部符号。

② 推导是根据文法的产生式规则,把串中出现的产生式的左部符号替换成右部。

【课堂互动】

引导学生回顾本节课需要用到的几个概念。

【典型例题】

例 1　编译过程中,语法分析器的任务是_____。

① 分析单词是怎样构成的

②分析单词串是如何构成语句和说明的
③分析语句和说明是如何构成程序的
④分析程序的结构

A. ②③　　　　B. ②③④　　　　C. ①②③　　　　D. ①②③④

答案：B。

解析：语法分析器的任务是分析单词串是如何构成语句和说明的，分析语句和说明是如何构成程序的，分析程序的结构。

例 2　语法分析最常用的两类方法是＿＿＿＿和＿＿＿＿分析法。

答案：自上而下、自下而上。

例 3　语法分析器的输入是＿＿＿＿，输出是＿＿＿＿。

答案：单词符号串、语法单位。

4.2　自上而下分析面临的问题

【学时】

15 分钟。

【教学内容】

自上而下的基本思想；自上而下分析面临的问题：回溯和文法左递归问题。

【教学重点】

自上而下分析面临的问题。

【教学难点】

自上而下分析面临的问题。

【教学目的与要求】

(1) 掌握自上而下语法分析的基本思想。

(2) 掌握自上而下语法分析面临的回溯问题和文法左递归问题。

【学情分析】

(1) 学生通过前面的学习了解了语法分析的两种方法，了解了自上而下方法进行语法分析的大致思路。

(2) 本节课需要学生明白不是所有文法都能顺利进行自上而下分析，自上而下分析会面临一些问题。

【教学实施建议】

（1）带领同学们回顾一下自上而下分析的基本思想：从文法的开始符号出发，向下推导直到推出句子；针对输入串，试图用一切可能的办法，从文法开始符号（根结点）出发，自上而下地为输入串建立一棵语法树。

（2）以一个具体的示例来进行自上而下的语法分析（自上而下地构建语法树）。

（3）以下面示例展现分析过程中会出现"回溯"现象：

假定有文法G(S)：

    ①S→xAy

    ②A→ * * | *

分析输入串 x * y（记为α）。

（4）分析"回溯"现象，主要是多个产生式候选带来的问题。在进行语法分析过程中，当一个非终结符用某一个候选匹配成功时，这种匹配可能是暂时的；发现错误匹配时，不得不"回溯"。

（5）由如下示例揭示文法左递归问题：

假定文法中有产生式：P→P α | β　（β不以 P 开头），

可能会有推导 P⇒P α⇒P αα⇒P ααα⇒P αααα⋯⇒P αααα⋯

（6）总结"回溯"和"文法左递归"是自上而下分析遇到的两个问题。

【课堂互动】

根据具体示例让学生考虑匹配失败的原因，引导大家总结回溯和左递归问题。

4.3　LL(1)文法

【学时】

120 分钟。

【教学内容】

消除左递归、消除回溯；FIRST 集合、FOLLOW 集合构造；LL(1)文法的定义。

【教学重点】

消除左递归、消除回溯的方法；LL(1)文法的定义。

【教学难点】

消除左递归的算法、LL(1)文法的定义。

【教学目的与要求】

(1) 掌握 FIRST 集合、FOLLOW 集合构造。

(2) 掌握消除左递归的方法。

(3) 掌握消除回溯的方法。

(4) 掌握 LL(1)文法的定义及判定。

【学情分析】

(1) 通过前面的学习,学生已经理解自上而下语法分析面临的回溯和左递归问题。

(2) 通过本节课学习,学生能掌握文法的回溯和左递归问题的消除方法。

(3) 让学生理解即使没有回溯和左递归问题,也不一定能进行有效的自上而下分析,需要符合 LL(1)文法。

【预习安排】

要求学生深刻理解文法的回溯和左递归问题及其产生原因。

【教学实施建议】

(1) 带领同学们回顾自上而下语法分析中遇到的回溯和左递归问题。

(2) 通过示例讲解直接左递归的消除方法,要求学生理解掌握:

① 假定 P 关于的全部产生式是:

P→P α_1 | P α_2 | ⋯ | P α_m | β_1 | β_2 | ⋯ | β_n

注:每个α都不等于ε,每个β都不以 P 开头。

② 左递归变右递归如下:

P → β_1 P′ | β_2 P′ | ⋯ | β_n P′

P′→ α_1 P′ | α_2 P′ | ⋯ | α_m P′ | ε

(3) 提出间接左递归的情况,教同学们会辨识间接左递归;并给出能消除一个文法间接左递归的条件:不含以ε为右部的产生式;不含回路。

(4) 举例说明间接左递归的消除方法,并给出消除左递归的一般性算法。

(5) 通过对回溯问题的剖析引出解决回溯问题必须保证的条件,也就是说,为了消除回溯必须保证:对文法的任何非终结符,当要它去匹配输入串时,能根据它所面临的输入符号准确地指派它的一个候选去执行任务,并且此候选的工作结果应是确信无疑的。

(6) 引出 FIRST 集的概念,然后讲解通过提取公共左因子去消除回溯的方法,经过反复提取左因子,就能够把每个非终结符(包括新引进者)的所有候选首符集变成为两两不相交。

(7) 由一个具体示例讲解即使满足每个非终结符 FIRST 集两两不相交,但是如果含有ε候选式仍然会面临不知如何选择候选式的情况,由此引入 FOLLOW 集的概念。

(8) 讲授能顺利进行自上而下分析的 LL(1) 的定义和满足条件。

(9) 讲授 FIRST 集和 FOLLOW 集的求法,并布置习题让学生练习。

【课堂互动】

(1) 消除直接左递归和间接左递归都有示例和习题,通过和同学们一起完成示例进一步增强学生的理解程度,通过了解学生习题完成情况来判断学生对知识点的掌握程度。

(2) 让同学们完成一个文法非终结符的 FIRST 集和 FOLLOW 集练习。

【典型例题】

例 1 判断:

(1) 每个文法都能改写为 LL(1) 文法;

(2) 一个 LL(1) 文法一定是无二义的;

(3) 欲构造行之有效的自上而下分析器,则只需消除左递归。

答案:(1)错;(2)对;(3)错。

解析:LL(1) 文法是有条件的,不是每个文法都能改写成 LL(1) 文法。

例 2 对于文法 G(E):

$E \to TE'$

$E' \to +TE' | \varepsilon$

$T \to FT'$

$T' \to *FT' | \varepsilon$

$F \to (E) | i$

构造每个非终结符的 First 和 Follow 集合。

答案:FIRST(E) = { (, i }

FIRST(E') = { + , ε }

FIRST(T) = { (, i }

FIRST(T') = { * , ε }

FIRST(F) = { (, i }

FOLLOW(E) = { # ,) }

FOLLOW(E') = { # ,) }

FOLLOW(T) = { + , # ,) }

FOLLOW(T') = { + , # ,) }

FOLLOW(F) = { $*$, $+$, $\#$,) }

例3 下面文法中哪些是LL(1)文法,说明理由。

① S→Abc
　A→a|ε
　B→b|ε

② S→ABBA
　A→a|ε
　B→b|ε

③ S→Ab
　A→a|B|ε
　B→b|ε

④ S→aSe|B
　B→bBe|C
　C→cCe|d

答案：①是；②不是；③不是；④是。

解析：①

　a. 文法不含左递归；

　b. S,A,B 各候选式的 FIRST 集不相交；

　c. FIRST(A)∩FOLLOW(A)={a, ε}∩{b}=∅
　　 FIRST(B)∩FOLLOW(B)={b, ε}∩∅=∅

所以该文法为LL(1)文法。

②

　a. 文法不含左递归；

　b. S,A,B 各候选式的 FIRST 集不相交；

　c. FIRST(A) = {a, ε}

FIRST(B) = {b, ε}

FOLLOW(A) = FIRST(BBA)\\{ε}∪FOLLOW(S) = {a,b, $\#$ }

FOLLOW(B) = FIRST(BA)\\{ε}∪FOLLOW(S)∪FIRST(A)\\{ ε } = {a,b, $\#$ }

FIRST(A)∩FOLLOW(A) = {a} ≠ ∅

所以该文法不是LL(1)文法。

③

　a. 文法不含左递归；

　b. S,A,B 各候选式的 FIRST 集不相交；

c. FIRST(A)∩FOLLOW(A)={a, b, ε}∩{b}≠∅

所以该文法不是 LL(1)文法。

④

a. 文法不含左递归；

b. S,B,C 各候选式的 FIRST 集不相交；

c. 本身无ε产生式；

所以该文法为 LL(1)文法。

例 4 对文法 G[S]：

S→(L)|aS|a

L→L,S|S

消除左递归和回溯；

答案：S→(L)|aS'

S'→S|ε

L→SL'

L'→,SL'|ε

4.4 递归下降分析程序构造

【学时】

30 分钟。

【教学内容】

递归下降分析器；递归下降子程序设计；了解扩充的巴科斯范式。

【教学重点】

递归下降子程序设计。

【教学难点】

递归下降子程序设计。

【教学目的与要求】

(1) 理解递归下降分析器的构造。

(2) 掌握递归下降分析程序设计。

(3) 了解扩充的巴科斯范式。

【学情分析】

(1) 学生已经理解自上而下的语法分析中会面临的问题:回溯和左递归,也已经掌握文法的回溯和左递归问题的消除方法。

(2) 学生理解了即使没有回溯和左递归问题,也不一定能进行有效的自上而下分析,需要符合 LL(1)文法,也已经知道什么样的文法是 LL(1)文法。

(3) 这节内容要求学生掌握 LL(1)文法递归下降分析程序的构造方法。

【知识背景】

巴科斯范式是以美国人巴科斯(Backus)和丹麦人诺尔(Naur)的名字命名的一种形式化的语法表示方法,用来描述语法的一种形式体系,是一种典型的元语言,又称巴科斯-诺尔形式(Backus-Naur form)。它不仅能严格地表示语法规则,而且所描述的语法是与上下文无关的,它具有语法简单、表示明确、便于语法分析和编译的特点。BNF 表示语法规则的方式为:非终结符用尖括号括起。每条规则的左部是一个非终结符,右部是由非终结符和终结符组成的一个符号串,中间一般以"∷="分开,具有相同左部的规则可以共用一个左部,各右部之间以直竖"|"隔开。

【预习安排】

(1) 本节课上课前要求学生务必掌握 LL(1)文法的定义和判定方法。

(2) 让学生了解巴科斯范式。

【教学实施建议】

(1) 带领同学们回顾 LL(1)文法及其判定条件,要求他们理解为什么符合判定条件的文法才能进行行之有效的自上而下分析。

(2) 讲解递归下降分析器的构成:分析程序由一组子程序组成,对每一语法单位(非终结符)构造一个相应的子程序,识别对应的语法单位;通过子程序间的相互调用,实现对输入串的识别;文法的定义通常是递归的,通常具有递归结构。

(3) 讲解分析程序中常用的全局过程和变量:

①ADVANCE 是把输入串指示器 IP 指向下一个输入符号,即读入一个单词符号;

②SYM,IP 是当前所指的输入符号;

③ERROR 是出错处理子程序。

(4) 讲解递归下降分析方法:每个非终结符有对应的子程序的定义,在分析过程中,当需要从某个非终结符出发进行展开(推导)时,就调用这个非终结符对应的子程序。

(5) 通过示例给出递归下降程序设计的构造方法。

(6)讲解扩充的巴科斯范式和语法图,并举例说明。

【课堂互动】

(1)引导大家回顾LL(1)文法及其判定条件。

(2)通过示例给出递归下降程序设计的构造方法,给出一个文法的递归下降程序框架,给出一两个非终结符的示例,剩下的要求学生自己去写。

【典型例题】

例1 已知文法 G[S]：

S→aBcD|cD

B→Bb|b

D→d|D;D

(1)消除左递归和回溯；

(2)对改造后的文法的每个非终结符,构造递归下降分析子程序。

答案：

(1)消除左递归后的文法为：

S→aBcD|cD

B→bB′

B′→bB′|ε

D→dD′

D′→;DD′|ε

(2)递归下降分析子程序为：

PROCEDURE S;

 IF SYM='a' THEN

  BEGIN

   ADVANCE;B;

   IF SYM='c' THEN

    BEGIN　ADVANCE;D;　END

   ELSE ERROR;

  END

 ELSE IF SYM='c' THEN

  BEGIN　ADVANCE;D;　END

  ELSE ERROR;

PROCEDURE B;

 IF SYM ='b' THEN

  BEGIN ADVANCE;B′;END

```
            ELSE ERROR;
    PROCEDURE B';
        IF SYM ='b' THEN
            BEGIN ADVANCE;B';END
    PROCEDURE D;
        IF SYM ='d' THEN
            BEGIN ADVANCE;D';END
        ELSE ERROR;
    PROCEDURE D';
        IF SYM=';' THEN
            BEGIN ADVANCE;D;D';END
```

4.5　预测分析程序

【学时】

　　45 分钟。

【教学内容】

　　预测分析程序的原理；预测分析程序结构、预测分析过程、总控程序实现；预测分析表构造算法。

【教学重点】

　　预测分析过程；预测分析表构造算法。

【教学难点】

　　预测分析表构造算法。

【教学目的与要求】

　　(1) 掌握预测分析程序的原理。

　　(2) 掌握预测分析表的构造算法。

【学情分析】

　　(1) 学生已经清楚自上而下分析遇到的问题，并掌握解决这些问题的方法。

　　(2) 学生已经掌握 LL(1) 分析的递归下降分析方法。

　　(3) 本节课需要学生学习 LL(1) 分析的另外一种方法。

(4) 要求学生对比两种自上而下分析方法,考虑各自的优缺点。

【预习安排】

要求学生深刻理解自上而下分析的基本思想,掌握 LL(1)文法的概念,并深刻了解为什么采用 LL(1)文法才可以进行递归下降分析和预测分析。

【教学实施建议】

(1) 带领学生回顾自上而下分析的基本思想以及 LL(1)文法。

(2) 先给出预测分析程序的构成原理图(如图 4.2 所示),讲解预测分析法的工作原理,包括分析表、总控程序和分析栈的用途。

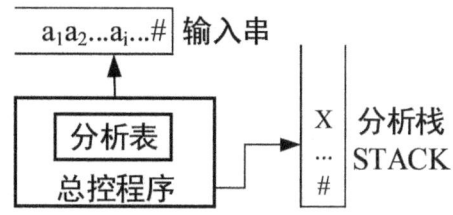

图 4.2 预测分析法工作原理图

(3) 详细讲解总控程序的实现,并给出总控程序的实现算法,这一部分要求学生一定理解掌握。

(4) 通过一个具体实例向学生讲解预测分析过程,这时候假设预测分析表 M[A,a]已经存在。

(5) 预测分析表是整个预测分析过程很重要的数据结构,向学生讲解预测分析表 M[A,a]的构造算法,由一个具体示例详细说明预测分析表构造。

(6) 让学生练习预测分析表的构造。

(7) 在现有 LL(1)文法及已经构造好的预测分析表的基础上,让学生根据预测分析算法进行自上而下分析。

(8) 向学生说明如果文法 G 是左递归或二义的,那么 M 至少含有一个多重定义入口。因此,消除左递归和提取左因子将有助于获得无多重定义的分析表 M。可以证明,一个文法 G 的预测分析表 M 不含多重定义入口,当且仅当该文法为 LL(1)的,特别强调 LL(1)文法不是二义的。

(9) 以"IF … THEN IF … THEN … ELSE …"对应的文法为例说明 LL(1)文法和二义性问题。

【课堂互动】

(1) 预测分析表的构造方法是重难点,不仅通过示例讲解,还让学生练习。

(2) 在学生构造的预测分析表的基础上,进行预测分析,从而加深对预测分析方法的理解。

【典型例题】

例 1　在第三节例 4 中的文法 G[S]：
　　　S→(L)|aS|a
　　　L→L,S|S

消除左递归和回溯：
　　　S→(L)|aS′
　　　S′→S|ε
　　　L→SL′
　　　L′→,SL′|ε

(1) 计算每个非终结符的 FIRST 集和 FOLLOW 集；
(2) 构造预测分析表。

答案：
(1) 构造 FIRST 集：
　　　FIRST(S)={(,a}
　　　FIRST(S′)={(,a,ε}
　　　FIRST(L)={(,a}
　　　FIRST(L′)={, ,ε}

　　构造 FOLLOW 集：
　　　FOLLOW (S)={#,,,)}
　　　FOLLOW (S′)={#,,,)}
　　　FOLLOW (L)={)}
　　　FOLLOW (L′)={)}

(2) 预测分析表如表 4.1 所示

表 4.1　预测分析表

	a	,	(	)	#
S	S→aS′		S→(L)		
S′	S′→S	S′→ε	S′→S	S′→ε	S′→ε
L	L→SL′		L→SL′		
L′		L′→,SL′		L′→ε	

4.6 本章小结

【学时】

5分钟。

【教学实施建议】

总结本课程的基本内容及要求如下：

(1) 了解语法分析器的功能。

(2) 掌握自上而下分析面临的问题。

(3) 掌握左递归和回溯的消除方法。

(4) 掌握LL(1)文法满足的三个条件。

(5) 掌握FIRST集和FOLLOW集、预测分析表的构造和预测分析过程；

(6) 理解递归下降分析程序。

【课后作业布置】

1. 考虑下面文法 G_1：

   S→a|∧|(T)

   T→T,S|S

(1) 消去 G_1 的左递归,然后对每个非终结符写出不带回溯的递归子程序。

(2) 经改写后的文法是否是LL(1)文法？给出它的预测分析表。

2. 对下面的文法 G：

   E→TE′

   E′→+E|ε

   T→FT′

   T′→T|ε

   F→PF′

   F′→ * F′|ε

   P→(E)|a|b|∧

(1) 计算这个文法的每个非终结符的FIRST集和FOLLOW集。

(2) 证明这个文法是LL(1)文法。

(3) 构造它的预测分析表。

(4) 构造它的递归下降分析程序。

3. 对下面的文法：

Expr → ─Expr|(Expr)|Var ExprTail

ExprTail → ─ Expr|ε

Var → id VarTail

VarTail → (Expr) |ε

(1) 构造 LL(1)分析表。

(2) 给出对符号串 id──id((id))的分析过程。

(对应教材课后 1、2、4 题)

【课后作业答案】

1. 答：

(1) 按照 T,S 的顺序消除左递归：

$G_1(S)$

S → a| ∧ |(T)

T → ST′

T′ → ,ST′|ε

递归子程序：

```
PROCEDURE S;
BEGIN
  IF SYM='a' or SYM='∧'
    THEN ABVANCE
    ELSE IF SYM='('
      THEN BEGIN
        ADVANCE;T;
        IF SYM=')' THEN ADVANCE;
          ELSE ERROR;
        END
      ELSE ERROR
END;
PROCEDURE T;
BEGIN
  S;T′
END;
PROCEDURE T′;
BEGIN
```

```
            IF SYM=','
              THEN BEGIN
                ADVANCE;
                  S; T'
                END
            END;
```
其中：

SYM：是输入串指针 IP 所指的符号；

ADVANCE：是把 IP 调至下一个输入符号；

ERROR：是出错诊查程序。

(2)

$FIRST(S) = \{a, \wedge, (\}$

$FIRST(T) = \{a, \wedge, (\}$

$FIRST(T') = \{, , \varepsilon\}$

$FOLLOW(S) = \{), , , \#\}$

$FOLLOW(T) = \{)\}$

$FOLLOW(T') = \{)\}$

预测分析表如表 4.2 所示。

表 4.2 题 1 预测分析表

	a	∧	(	)	,	#
S	S→a	S→∧	S→(T)			
T	T→ST'	T→ST'	T→ST'			
T'				T'→ε	T'→,ST'	

预测分析表构造过程比较顺利，没有多重入口，因此是 LL(1) 文法。

2. 答：

(1)

$FIRST(E) = \{(, a, b, \wedge\}$

$FIRST(E') = \{+, \varepsilon\}$

$FIRST(T) = \{(, a, b, \wedge\}$

$FIRST(T') = \{(, a, b, \wedge, \varepsilon\}$

$FIRST(F) = \{(, a, b, \wedge\}$

$FIRST(F') = \{*, \varepsilon\}$

$FIRST(P) = \{(, a, b, \wedge\}$

FOLLOW(E) = {#,)}
FOLLOW(E') = {#,)}
FOLLOW(T) = {+,),#}
FOLLOW(T') = {+,),#}
FOLLOW(F) = {(,a,b,∧,+,),#}
FOLLOW(F') = {(,a,b,∧,+,),#}
FOLLOW(P) = {*,(,a,b,∧,+,),#}

(2) 考虑下列产生式：

$E' \rightarrow +E | \varepsilon$

$T' \rightarrow T | \varepsilon$

$F' \rightarrow *F' | \varepsilon$

$P \rightarrow (E) | \wedge | a | b$

FIRST(+E) ∩ FIRST(ε) = {+} ∩ {ε} = φ

FIRST(+E) ∩ FOLLOW(E') = {+} ∩ {#,)} = φ

FIRST(T) ∩ FIRST(ε) = {(,a,b,∧} ∩ {ε} = φ

FIRST(T) ∩ FOLLOW(T') = {(,a,b,∧} ∩ {+,),#} = φ

FIRST(*F') ∩ FIRST(ε) = {*} ∩ {ε} = φ

FIRST(*F') ∩ FOLLOW(F') = {*} ∩ {(,a,b,∧,+,),#} = φ

FIRST((E)) ∩ FIRST(a) ∩ FIRST(b) ∩ FIRST(∧) = φ

所以，该文法是 LL(1) 文法。

(3) 它的预测分析表如表 4.3 所示。

表 4.3 题 2 预测分析表

	+	*	(	)	a	b	∧	#
E			E→TE'		E→TE'	E→TE'	E→TE'	
E'	E'→+E			E'→ε				E'→ε
T			T→FT'		T→FT'	T→FT'	T→FT'	
T'	T'→ε		T'→T	T'→ε	T'→T	T'→T	T'→T	T'→ε
F			F→PF'		F→PF'	F→PF'	F→PF'	
F'	F'→ε	F'→*F'	F'→ε	F'→ε	F'→ε	F'→ε	F'→ε	F'→ε
P			P→(E)		P→a	P→b	P→∧	

(4) 递归下降分析程序如下：

```
PROCEDURE E;
BEGIN
   IF SYM='(' OR SYM='a' OR SYM='b' OR SYM='∧'
     THEN BEGIN T; E' END
     ELSE ERROR
END
PROCEDURE E';
BEGIN
   IF SYM='+'
     THEN BEGIN ADVANCE; E END
     ELSE IF SYM<>')' AND SYM<>'#' THEN ERROR
   END
   PROCEDURE T;
BEGIN
   IF SYM='(' OR SYM='a' OR SYM='b' OR SYM='∧'
     THEN BEGIN F; T' END
     ELSE ERROR
END
PROCEDURE T';
BEGIN
   IF SYM='(' OR SYM='a' OR SYM='b' OR SYM='∧'
     THEN T
     ELSE IF SYM='*'THEN ERROR
END
PROCEDURE F;
BEGIN
   IF SYM='(' OR SYM='a' OR SYM='b' OR SYM='∧'
     THEN BEGIN P; F' END
     ELSE ERROR
END
PROCEDURE F';
BEGIN
   IF SYM='*'
     THEN BEGIN ADVANCE; F' END
```

```
        END
        PROCEDURE P;
        BEGIN
          IF SYM='a' OR SYM='b' OR SYM='∧'
            THEN ADVANCE
            ELSE IF SYM='(' THEN
          BEGIN
            ADVANCE; E;
            IF SYM=')' THEN ADVANCE
              ELSE ERROR
          END
          ELSE ERROR
        END;
```

3. 答：

(1) 求 FIRST 集：

FIRST(Expr)={-,(,id}   FIRST(ExprTail)={-,ε}

FIRST(Var)={id}   FIRST(VarTail)={ (,ε}

求 FOLLW 集：

FOLLOW(Expr)={#,)}

FOLLOW(ExprTail)=FOLLOW(Expr)={#,)}

FOLLOW(Var)=FIRST(ExprTail)\\{ε}∪FOLLOW(Expr)={-,#,)}

FOLLOW(VarTail)=FOLLOW(Var)= {-,#,)}

预测分析表如表 4.4 所示。

表 4.4 题 3 预测分析表

	-	(	)	id	#
Expr	Expr→-Expr	Expr→(Expr)		Expr→Var ExprTail	
ExprTail	ExprTail→-Expr		ExprTail→ε		ExprTail→ε
Var				Var→id VarTail	
VarTail	VarTail→ε	VarTail→(Expr)	VarTail→ε		VarTail→ε

(2) id--id((id))分析过程如表 4.5 所示。

表 4.5 题 3 分析过程

步骤	符号栈	输入串	分析式
0	#Expr	id－－id((id))#	
1	#ExprTail Var		Expr →Var Expr Tail
2	#ExprTail VarTail id		Var →id VarTail
3	#ExprTail VarTail	－－id((id))#	
4	#ExprTail		VarTail →ε
5	#Expr－		ExprTail →－Expr
6	#Expr	－id((id))#	
7	#Expr－		Expr →－Expr
8	#Expr	id((id))#	
9	#ExprTail Var		Expr →Var ExprTail
10	#ExprTail VarTail id		Var →id VarTail
11	#ExprTail VarTail	((id))#	
12	#ExprTail)Expr(		VarTail →(Expr)
13	#ExprTail)Expr	(id))#	
14	#ExprTail))Expr(		Expr →(Expr)
15	#ExprTail))Expr	id))#	
16	#ExprTail))ExprTail Var		Expr →Var ExprTail
17	#ExprTail))ExprTail VarTail id		Var →id VarTail
18	#ExprTail))ExprTail VarTail	))#	
19	#ExprTail))ExprTail	))#	VarTail →ε
20	#ExprTail))	))#	ExprTail →ε
21	#ExprTail)	)#	
22	#ExprTail	#	
23	#	#	ExprTail →ε

第 5 章 语法分析—自下而上分析

【本章概述】

语法分析的方法分成两大类,一类是自上而下分析法,另一类是自下而上分析法。上一章学习了自上而下的分析方法,基本思想是从文法的开始符号出发,反复使用各种产生式,寻找"匹配"的推导,从树的根开始构造语法树,最终得到叶子结点,一一对应文法的单词符号。本章将学习自下而上的分析方法,基本思想是从输入串开始,逐步进行规约,直到文法的开始符号,是从叶节点开始构造语法树,代表方法有算符优先分析法和 LR 分析法。

【总学时】

6 学时。

【支撑的课程目标和毕业要求】

本单元各知识点的讲授和学习,可以重点支撑"课程目标 2.培养学生选择适当的模型,以形式化的方法去描述语言及其翻译子系统,提升学生的系统设计与实现能力""课程目标 3.强化学生数字化、算法、模块化等专业核心意识,掌握自顶向下、自底向上、递归求解、模块化等典型方法,培养其包括功能划分、多模块协调、形式化描述、程序实现等在内的复杂系统设计实现能力""课程目标 4.使学生理解词法分析、语法分析、语义分析等各阶段的模块设计方法,引导学生分析这些复杂工程问题的解决方案"和"课程目标 5.分析编译系统设计和实现中的相关问题,特别是构建一个较为复杂的软件系统时,对系统设计和实现相关问题进行分析,同时展开相应的实验,对实验结果进行分析和总结",也即毕业要求指标点 2.1、3.1、4.1 和 4.3。使学生理解用上下文无关文法描述语法规则,并将它们用于系统的设计与实现能力的培养;另外,使学生掌握自下而上语法分析器的基本原理和实现方法,能够将专业知识用于解决计算机领域复杂工程问题。

本单元的教学要注意降低学生理解算法的难度,提高学生学习兴趣。通过黑板板书算法推导过程,让学生参与到整个过程,提高学生学习兴趣,培养学生依据所学知识进行问题求解的能力,达到课程目标的要求。

5.1 自下而上分析基本问题

【学时】

20 分钟。

【教学内容】

自下而上语法分析方法基本思想；短语、直接短语概念；自下而上分析过程的描述。

【教学重点】

短语、直接短语概念；分析过程的描述。

【教学难点】

自下而上分析过程。

【教学目的与要求】

(1) 理解自下而上语法分析方法基本思想。

(2) 掌握短语、直接短语概念。

(3) 掌握自下而上分析过程的描述。

【学情分析】

(1) 学生已经了解语法分析的功能，理解了语法分析器在编译器中的地位。

(2) 学生已经了解自上而下分析和自下而上分析，学习了自上而下分析的方法，这节课开始讲解另一种自下而上分析的方法。

(3) 让学生理解自下而上分析的基本思想就是"移进－归约"思想。

【预习安排】

语法分析的两种方法思想及对比。

【教学实施建议】

(1) 通过编译程序总框图，带领学生复习语法分析器在编译程序中的地位。

(2) 复习语法分析的两种方法：自上而下分析和自下而上分析。

(3) 通过一个具体示例讲解自下而上分析"移进－归约"的基本思想：用一个寄存符号的先进后出栈，把输入符号一个一个地移进到栈里，当栈顶形成某个产生式的候选式时，即把栈顶的这一部分替换成（归约为）该产生式的左部符号。

(4) 通过上述示例带领学生思考自下而上分析的核心问题是识别可归约串。

(5) 讲述短语、直接短语的概念,并带领学生理解短语有可能是可归约串;并给出一个文法和它的一个句型,让学生找出该句型的短语和直接短语。

(6) 带领学生一起对上述文法的句型进行语法分析,并描述分析过程。

【课堂互动】

(1) 课堂思考自下而上分析的核心问题并回答:识别可归约串。

(2) 通过练习,掌握一个句型的短语和直接短语。

(3) 带领学生一起描述分析过程。

【典型例题】

例1 下面哪些有可能是可归约串? _____

A. 连续出现的单词序列　　　　B. 短语　　　　C. 字符串

答案:B。

解析:自上而下文法分析中,短语有可能成为可归约串。

例2 有文法 G:

T→t|e|(F)

F→T+F|T

给出句型((t)+T)的短语、直接短语。

答案:句型((t)+T)的短语有 t、(t)、T、(t)+T、((t)+T),直接短语有 t、T。

解析:先画出该句型的语法树如图5.1所示,然后再写短语和直接短语。

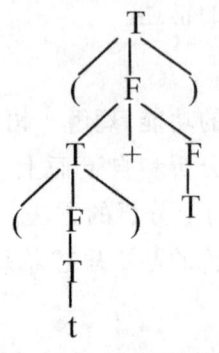

图5.1　例2语法树

5.2　算符优先分析

【学时】

90分钟。

【教学内容】

运算的优先关系;算符文法、算符优先文法概念;优先关系表的构造算法;算法、FirstVT 集合和 LastVT 集合的含义及求解方法及示例;算符优先分析算法;最左素短语的概念、算法。

【教学重点】

优先关系表的构造算法、算符优先分析算法。

【教学难点】

算符优先分析算法。

【教学目的与要求】

(1) 理解运算的优先关系。

(2) 理解算符文法、算符优先文法概念。

(3) 掌握优先关系表的构造算法。

(4) 掌握算符优先分析算法。

【学情分析】

(1) 学生已经理解自下而上分析的基本思想,抓住分析的关键在于寻找可归约串。

(2) 算符优先分析的可归约串——最左素短语,在理解的时候比较难,特别是归约时最左素短语并不一定与文法产生式的右部一一对应,而是只看终结符,这一点让很多同学都很费解,考试的时候也是一个易错点。

(3) 终结符之间的优先关系需要学生认真理解,特别是结合 FirstVT 集合和 LastVT 集合的含义,不要死记硬背。

【预习安排】

(1) 回忆总结四则运算的优先规则。

(2) 回忆复习可归约串、句型、短语的概念。

【教学实施建议】

(1) 带领学生回忆四则运算的优先规则:先乘除后加减,同级从左到右;并给出一个代表四则运算的文法及其对应的某个句子,说明该句子有几种不同的归约顺序。

(2) 说明归约顺序不同,计算的顺序也不同,结果也不一样,若规定算符的优先次序,并按这种规定进行归约,则归约过程是唯一的;根据上述逻辑引出如果代表算符的终结符之间有一定的优先关系,那么自下而上的归约过程是唯一的。

(3) 讲解算符之间的三种优先关系,要求学生深刻理解算符的优先关系的概念。

(4) 讲解算符文法的概念：一个文法，若它的任一产生式的右部都不含两个相继(并列)的非终结符，即不含…QR…形式的产生式右部，则我们称该文法为算符文法。这样就限定了算法优先分析必须是针对算符文法。

(5) 在算符文法的基础上，文法中的任何终结符至多满足三种优先关系之一，那么可以得到算符优先文法的概念，并举例说明。

(6) 说明算符文法中算符(终结符)之间的优先关系表非常重要，需要构造该表才能支撑后面的算符优先分析。

(7) 讲解两个概念 FirstVT 和 LastVT 集合，要求学生们对比算符优先文法的概念，深刻理解 FirstVT 和 LastVT 集合的定义。

(8) 通过具体示例讲解 FirstVT 和 LastVT 集合的计算方法，要求学生在理解的基础上熟练掌握。

(9) 讲解构造优先关系表的算法，这一部分比较难，通过具体示例帮助学生理解。

(10) 带领学生复习可归约串、句型、短语的概念，给出素短语和最左素短语的概念：一个文法 G 的句型的素短语是指这样一个短语，它至少含有一个终结符，并且除它自身之外不再含任何更小的素短语；最左素短语是指处于句型最左边的那个素短语。

(11) 强调最左素短语就是算符优先分析方法的可归约串，并举例让学生进行各类短语的识别。

(12) 仔细讲解算符优先分析算法，在屏幕左边显示算法，右边展示使用的符号栈 S，用它寄存终结符和非终结符，k 代表符号栈 S 的使用深度，在正确的情况下，算法工作完毕时，符号栈 S 应呈现♯N♯。

(13) 以一个具体的文法及其句子的分析为例，让学生对比分析树和语法树(图 5.2)，指出二者的差别：分析树比较"矮"，那是因为算符优先分析跳过了其中某些阶段，可以使分析速度加快，这部分内容学生不容易理解，考试的时候也经常出错，一定要注意。

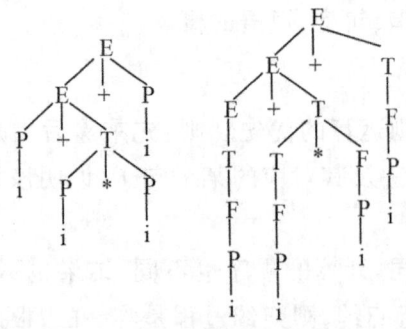

图 5.2　分析树与语法树对比

(14) 讲解算符优先分析程序构成如图 5.3 所示，包括总控程序、优先关系表和分析栈三部分,带领学生总结算符优先分析方法的特点及使用范围。

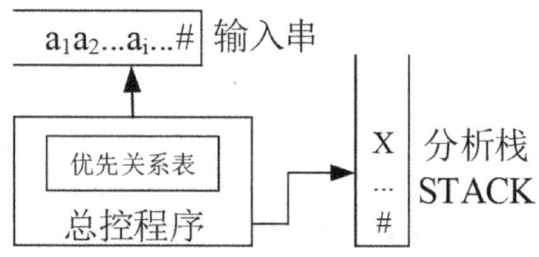

图5.3 算符优先分析程序构成

【课堂互动】

(1) 师生一起根据四则运算的优先规则,讨论类似文法中句子的归约过程。

(2) 在理解 FirstVT 和 LastVT 集合的计算算法的基础上,让学生做相关测试题。

(3) 在理解构造优先关系表算法的基础上,让学生做一道构造优先关系表的题目。

(4) 在理解算符优先分析算法的基础上,根据优先关系表,让学生进行算符优先分析。

(5) 让学生做分析树与语法树对比测试题,一定让学生理解分析树为啥比语法树"矮",有什么优点。

【典型例题】

例1 判断。

对于文法的句子来说,它的算符优先分析过程生成的分析树就是语法树。

答案:错误。

解析:算符优先分析结果不一定是语法树。因为归约时,归约串与产生式候选并不是严格的相同,而是自左至右的终结符对终结符,非终结符对非终结符,只关注对应的终结符相同,非终结符不同也可以匹配。

例2 设文法 G[S]:

S →T|S∨T

T →U|T∧U

U →i|¬U

(1) 计算每个非终结符的 FirstVT 和 LastVT 集。

(2) 构造算符优先关系表。

(3) 请用算符优先分析算法分析句型¬i∨i。

答案:(1) 各非终结符的 FirstVT 和 LastVT 集:

FirstVT(S) = { ∨, ∧, i, ┐ }
FirstVT(T) = { ∧, i, ┐ }
FirstVT(U) = { i, ┐ }
LastVT(S) = { ∨, ∧, i, ┐ }
LastVT(T) = { ∧, i, ┐ }
LastVT(U) = { i, ┐ }

(2)由分析可知,文法 G 的算符优先关系表如表 5.1 所示。

表 5.1 文法 G 的算符优先关系表

	i	∨	∧	┐	#
i		⋗	⋗		⋗
∨	⋖	⋗	⋖	⋖	⋗
∧	⋖	⋗	⋗	⋖	⋗
┐	⋖	⋗	⋖	⋖	⋗
#	⋖	⋖	⋖	⋖	≐

(4)用算符优先分析算法分析句型 ┐i∨i 步骤如表 5.2 所示。

表 5.2 句型 ┐i∨i 的算符优先分析步骤

步骤	分析栈	剩余输入串	动作
1	#	┐i∨i#	准备
2	#┐	i∨i#	移进
3	#┐i	∨i#	移进
4	#┐U	∨i#	归约 U→i
5	#U	∨i#	归约 U→┐U
6	#U∨	i#	移进
7	#U∨i	#	移进
8	#U∨U	#	归约 U→i
9	#S	#	归约 S→S∨T

解析:需要注意的是第 8 步,当栈中出现 #U∨U,因为栈顶最近的一个终结符 ∨ 优先级高于 #,说明在栈中出现可归约串,按照算法直接将 U∨U 归约成 S,这与规范归约过程不同,少了几个步骤,这也是算符优先分析速度快效率高的原因。

5.3 LR 分析法

【学时】

155 分钟。

【教学内容】

LR 分析器工作原理；句柄、规范归约概念；LR 分析过程；LR 文法；LR(0)文法：活前缀，构造识别活前缀的 DFA，通过计算项目集规范族构造识别活前缀的 DFA，LR(0)分析表的算法；SLR(1)文法；LR(1)文法；分析器产生器——YACC 简介。

【教学重点】

LR 分析过程；通过计算项目集规范族构造识别活前缀的 DFA 方法；LR(0)分析表的算法；SLR(1)文法。

【教学难点】

通过计算项目集规范族构造识别活前缀的 DFA 方法，LR(0)分析表的算法。

【教学目的与要求】

(1) 理解 LR 分析器工作原理。

(2) 掌握句柄、规范归约概念。

(3) 掌握 LR 文法和 LR 分析过程。

(4) 掌握 LR(0)文法：活前缀，构造识别活前缀的 DFA，通过计算项目集规范族构造识别活前缀的 DFA，LR(0)分析表的算法。

(5) 掌握 SLR(1)。

(6) 了解 LR(1)文法。

(7) 了解分析器产生器——YACC 简介。

【学情分析】

(1) 学生已经理解自下而上分析的基本思想，明白分析的关键在于寻找可归约串，LR 分析的关键就是寻找句柄这个可归约串。

(2) LR 分析过程非常复杂，要对分析表比较清楚，因此在讲解的时候务必要求同学们认真听，认真观察每一步的变化。

(3) "活前缀"概念非常抽象，但在 LR 分析中又非常重要，需要学生认真理解,特别是要考虑从"加上输入串形成规范句型"这个角度理解。

【知识背景】

LR 分析方法

1965 年,D. Knuth 首先提出了 LR(K)文法及 LR(K)分析技术。所谓 LR(K)分析,是指从左至右扫描和自底向上的语法分析,且在分析的每一步,只需根据分析栈当前已移进和归约出的全部文法符号,并至多再向前查看 K 个输入符号,就能确定相对于某一产生式左部符号的句柄是否已在分析栈的顶部形成,从而也就可以确定当前所应采取的分析动作(是移进还是按某一产生式进行归约等)。LR 分析是当前最一般的分析方法,因为它对文法的限制最少,现今能用上下文无关文法描述的程序设计语言一般均可用 LR 方法进行有效的分析,而且在分析的效率上也不比诸如不带回溯的自顶向下分析、一般的"移进归约"以及算符优先等分析方法逊色。此外,LR 分析器在工作过程中,还能准确及时地发现输入符号串的语法错误。凡此种种,就使 LR 分析方法在国际上受到了广泛的重视。

语法分析程序的自动构造工具 YACC

YACC(Yet Another Compiler Compiler)是 20 世纪 70 年代由 Johnson 等人在美国 Bell 实验室研制开发的一个基于 LALR(1)的语法分析程序的构造工具,后来在各种语言编译程序的实现中得到广泛应用。YACC 接受一个用 BNF 描述的上下文无关语言的语法规则,且语法满足 LALR(1)文法的要求,据其自动生成相应语法的 LALR(1)分析表,并与它的驱动程序和分析栈结合构成一个 LALR(1)分析器称 yyparse。

【预习安排】

(1) 了解 LR 分析方法的知识背景。

(2) 这部分内容比较难,所以在上课前要求学生了解句柄、活前缀、项目以及项目集规范族这四个概念,这样有利于课堂教学。

【教学实施建议】

(1) 带领学生回顾自下而上分析方法的基本思想,提出两种自下而上分析方法:算符优先分析法和 LR 分析法。算符优先分析法是按照算符的优先关系和结合性进行语法分析,适合分析表达式;LR 分析法的归约叫规范归约,是把句柄作为可归约串。

(2) 介绍 LR 分析方法的知识背景和工作框架,如图 5.4 所示。

第5章 语法分析—自下而上分析

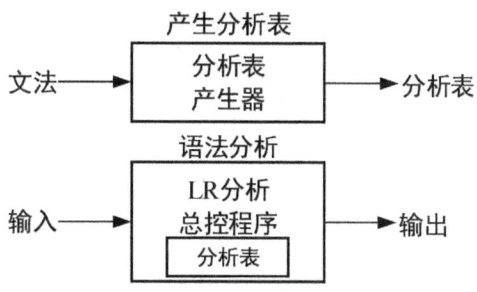

图 5.4 LR 分析方法

（3）回顾短语、直接短语和句柄的概念，要求学生能根据一个句型的语法树求出短语、直接短语和句柄。

（4）将本章一开始讲述的例子拿出来，用句柄进行归约再分析一遍，每一步把句柄替换成为相应产生式左部符号，引出规范归约的定义。

（5）让学生思考算符优先分析和规范归约的区别是什么，提示学生给出一个满足算符优先文法的句子，画出采用算符优先分析和规范归约的分析树，并对比两棵分析树的不同之处。

（6）给出"规范推导"和"规范句型"的定义，并让学生通过一个例子进行理解。

（7）提出规范归约的关键问题是寻找句柄，涉及"历史""展望"和"现实"，其中"历史"是指已移入符号栈的内容，"展望"是指根据产生式推测未来可能遇到的输入符号，"现实"是指当前的输入符号。并引出 LR 分析方法是把"历史"及"展望"综合抽象成状态，由栈顶的状态和现行的输入符号唯一确定每一步工作。

（8）讲解 LR 分析器的构成：LR 分析程序、LR 分析表、输入串和分析栈，如图5.5所示。

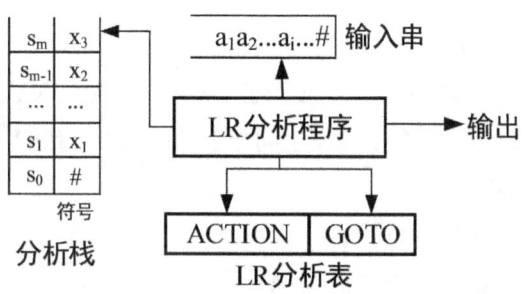

图 5.5 LR 分析器构成

（9）指出 LR 分析器的核心是一张分析表，讲解 LR 分析表的构成，每一种元素的含义：ACTION[s,a] 矩阵表达当状态 s 面临输入符号 a 时，应采取什么动作；GOTO[s,X] 矩阵表达状态 s 面对文法符号 X 时，下一状态是什么。

（10）讲解根据分析表中可以描述的四种操作：移进、归约、接受和报错，掌握这部分内容，LR 的分析过程就基本掌握了。

(11) 讲解 LR 分析过程,并以一个例子说明 LR 分析过程。

(12) 再一次梳理 LR 文法的定义,说明 LR 系列的分析方法都一样,不同的只有预测分析表,因此预测分析表的构造是非常重要的,下面就是讲解不同的预测分析表的构造。

(13) 通过一个具体的示例,让同学们理解在 LR 分析时句柄出现在栈外、栈中一部分、完全在栈中的情况,如图 5.6 所示,引出活前缀的概念,并且强调规范归约过程中,保证分析栈中的字符串总是活前缀才能保证分析采取的移进/归约动作是正确的。

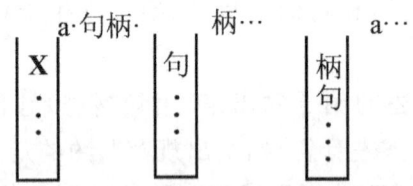

图 5.6 在 LR 分析时句柄出现情况示意图

(14) 抛出一些问题,让学生一方面加深对活前缀的理解,一方面思考如何识别活前缀。

①需要保证我们具有识别活前缀的能力,能否判别栈中的符号是否是活前缀?

②是否可以构造一个 DFA 来帮助识别活前缀?

(15) 开始讲解如何识别一个文法的活前缀的 DFA 的构造方法。

①首先就是进行文法的拓广,保证文法的开始符号只有一个产生式,介绍如何进行文法的拓广。

②引入 LR(0) 项目的概念,讲解项目的含义,在每个产生式的右部添加一个圆点,表示我们在分析过程中看到了产生式多大部分。例如:

A →XYZ 有四个项目:

A →·XYZ   A →X·YZ   A →XY·Z   A →XYZ·

③这个时候可以给出一个文法,让同学们写出它所有的项目。可以用不同的术语称呼不同类型的项目:

- A →α· 称为"归约项目";
- 归约项目 S'→α· 称为"接受项目";
- A →α·aβ(a ∈ V_T) 称为"移进项目";
- A →α·Bβ(B ∈ V_N) 称为"待约项目"。

④以上述 LR(0) 项目为基础,给出构造识别文法所有活前缀的 DFA 的方法,有两种方法:第一种是先根据规则构造识别文法所有活前缀的 NFA,然后再确定化;第二种方法将利用有效项目的概念直接构造项目集规范族。

⑤先讲第一种方法,给出构造识别文法所有活前缀的 NFA 的规则,再告诉同

学们可以用第3章的确定并化简的方法构造DFA,并以示例帮助同学们理解。

⑥针对以上构造好的DFA,给一个输入串的例子,讲解LR分析栈中状态、符号与识别活前缀的DFA的对应关系。

⑦给出另一种识别活前缀的方法,利用有效项目的概念直接计算项目集规范族,从而构造识别活前缀的DFA,引入LR(0)项目集规范族的概念。

⑧先讲清楚有效项目的概念,这个概念非常难理解,通过一个例子讲述有效项目的性质加深同学们的理解,也作为后面讲述LR(0)项目集规范族方法的依据。

⑨讲述项目集闭包CLOSURE的概念,讲述状态转换函数GO的概念和计算方法,并通过一个具体例子说明。

⑩讲述LR(0)项目集规范族的构造算法,并通过上述DFA的构造过程举例说明。

⑪总结回顾两种构造识别活前缀的DFA的方法,显然采用LR(0)项目集规范族的这一种方法比较好。

(16) 在LR(0)项目集规范族的构造基础上,讲解LR(0)分析表的ACTION和GOTO子表构造方法,并通过举例子详细说明将识别活前缀的DFA转换成LR分析表。

(17) 再通过示例让同学们练习LR(0)分析表构造方法。

(18) 给出一个非LR(0)文法,让同学们考虑有什么冲突。

(19) 分析冲突的原因,找到解决冲突的方法,引入SLR(1)文法。

(20) 给出文法的定义和构造SLR(1)分析表的方法。对比LR(0)分析表的构造方法,只有一点区别,通过示例让同学们练习SLR(1)分析表构造方法,并且强调不论什么LR方法,分析过程都一样,只有分析表构造有区别。

(21) 给出一个文法的例子,采用SLR(1)方法仍然存在冲突,原因是FOL-LOW集合提供的信息太泛,需要LR(k)。

(22) LR(k)的方法课堂上就不要求学生掌握了。

【课堂互动】

(1) 根据课前预习,让学生介绍LR分析方法的知识背景。

(2) 做关于求短语、直接短语和句柄的练习题。

【典型例题】

例1 对于句子,在规范归约过程中,栈内的符号串和扫描剩下的输入符号串构成了一个规范句型,图5.7中所示的哪种格局不会出现。_____

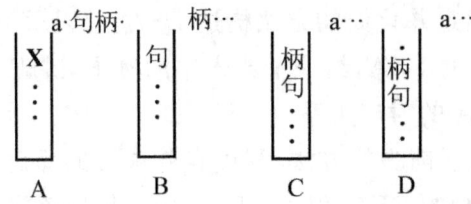

图 5.7 在 LR 分析时句柄出现情况示意图

答案：D。

解析：如果有句柄出现的栈顶是会被第一时间内进行归约的，所以并不会出现像答案 D 的那种情况。

例 2 一个_____指明了在分析过程中的某时刻所能看到的产生式多大一部分。

A. 活前缀　　　　B. 前缀　　　　C. 项目　　　　D. 项目集

答案：C。

例 3 对下面的文法 G：

$S' \to E$

$E \to aA$

$A \to cA \mid d$

(1) 列出该文法的 LR(0) 项目，并构造它的 LR(0) 项目集规范族及识别活前缀的 DFA。

(2) 判定该文法是否是 LR(0) 文法，若是，构造它的 LR(0) 分析表。

(3) 写出句子 accd 的分析过程。

答案：

(1) 对各产生式编号：

  0. $S' \to E$

  1. $E \to aA$

  2. $A \to cA$

  3. $A \to d$

LR(0) 项目为：

  1. $S' \to \cdot E$　　2. $S' \to E \cdot$　　3. $E \to \cdot aA$　　4. $E \to a \cdot A$　　5. $E \to aA \cdot$

  6. $A \to \cdot cA$　　7. $A \to c \cdot A$　　8. $A \to cA \cdot$　　9. $A \to \cdot d$　　10. $A \to d \cdot$

LR(0) 的项目集规范族为：

  I_0：$S' \to \cdot E$

    $E \to \cdot aA$

  I_1：$S' \to E \cdot$

  I_2：$E \to a \cdot A$

A→•cA

A→•d

$I_3: E→aA•$

$I_4: A→c•A$

A→•cA

A→•d

$I_5: A→d•$

$I_6: A→cA•$

(2)识别活前缀的DFA如图5.8所示。

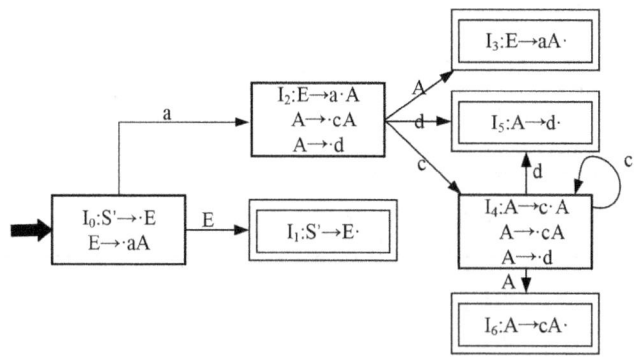

图 5.8 识别活前缀的 DFA

由于每个项目集中不包含冲突项目,因此该文法是LR(0)文法。LR(0)文法分析表如表5.3所示。

表 5.3 LR(0)文法分析表

状态	action				goto	
	a	c	d	#	E	A
0	S2				1	
1				acc		
2		S4	S5			3
3	r1	r1	r1	r1		
4		S4	S5			6
5	r3	r3	r3	r3		
6	r2	r2	r2	r2		

(3) 句子 accd 的分析过程如表 5.4 所示：

表 5.4　句子 accd 的分析过程

序号	状态栈	符号栈	产生式	输入串	说明
1	0	#		accd#	0 和 # 进栈
2	02	#a		ccd#	2 和 a 进栈
3	024	#ac		cd#	4 和 c 进栈
4	0244	#acc		d#	4 和 c 进栈
5	02445	#accd		#	5 和 d 进栈
6	02446	#accA	A→d	#	归约,5 和 d 退栈,6 和 A 进栈
7	0246	#acA	A→cA	#	归约,46 和 cA 退栈,6 和 A 进栈
8	023	#aA	A→cA	#	归约,46 和 cA 退栈,3 和 A 进栈
9	01	#E	E→aA	#	归约,26 和 aA 退栈,1 和 E 进栈成功

5.4　本章小结

【学时】

5 分钟。

【教学实施建议】

(1) 掌握自下而上分析的基本思想：自下而上分析的基本思想、移进归约、分析器的基本结构、移进-归约冲突、归约-归约冲突。

(2) 掌握算符间的优先关系表构造，算符优先分析法算法基本思想、算符文法、算符间的优先关系及确定、FirstVT 集合和 LastVT 集合的含义及求解方法、素短语和最左素短语的概念、算符优先分析表的构造、算符优先分析算法、算符优先函数。

(3) 掌握 LR 分析器的构造算法：算符优先分析法存在的问题，拓广文法，用 LR(0) 分析表表示分析的过程，用转换图来刻画句柄形成的"过程"，LR 分析器的基本动作，LR 分析算法，规范句型活前缀及其识别器——DFA，LR(0) 项目集闭包与项目集规范族，LR(0) 分析表的构造，SLR(1) 分析表的构造。

【课后作业布置】

1. 令文法 G 为：
   E →T | E+T
   T →F | T * F
   F →(E) | i

   证明 E+T * F 是它的一个句型，指出这个句型的所有短语、直接短语和句柄。

2. 考虑下面的表格结构文法 G：
   S→a | ∧ | (T)
   T→T,S | S

   (1) 给出(a,(a,a))和(((a,a),∧,(a)),a)的最左和最右推导。
   (2) 指出(((a,a),∧,(a)),a)的规范归约及每一步的句柄。根据这个规范归约，给出"移进—归约"的过程，并给出它的语法树自下而上的构造过程。

3. (1) 计算 2 题文法 G 的 FirstVT 和 LastVT。
   (2) 计算 G 的优先关系。G 是一个算符优先文法吗？
   (3) 计算 G 的优先函数。
   (4) 给出输入串(a,(a,a))的算符优先分析过程。

4. 考虑文法 G：
   S→AS | b
   A→SA | a

   (1) 列出该文法所有 LR(0)项目。
   (2) 构造这个文法的 LR(0)项目集规范族及识别活前缀的 DFA。
   (3) 该文法是 SLR 的吗？若是，构造出它的 SLR 分析表。
   (4) 这个文法是 LALR 或 LR(1)的吗？

5. 证明下面的文法：
   S→A
   A→Ab | bBa
   B→aAc | a | aAb

   是 SLR(1)但不是 LR(0)。

   （对应教材课后 1,2,3,5,7 题）

【课后作业答案】

1. 答：根据产生式规则，有如下推导：
   E⇒E+T⇒E+T * F

   所以 E+T * F 是文法 G 的句型，画出语法分析树如图 5.9 所示。

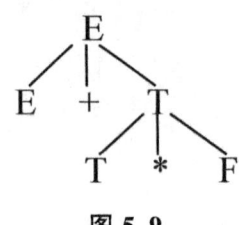

图 5.9

  短语:E+T*F,T*F,
  直接短语:T*F
  句柄:T*F

2. 答：

(1) 最左推导：

S⇒(T)⇒(T,S)⇒(S,S)⇒(a,S)⇒(a,(T))⇒(a,(T,S))⇒(a,(S,S))⇒(a,(a,S))⇒(a,(a,a))

S⇒(T)⇒(T,S)⇒(S,S)⇒((T),S)⇒((T,S),S)⇒((T,S,S),S)⇒((S,S,S),S)⇒(((T),S,S),S)⇒(((T,S),S,S),S)⇒(((S,S),S,S),S)⇒(((a,S),S,S),S)⇒(((a,a),S,S),S)⇒(((a,a),∧,S),S)⇒(((a,a),∧,(T)),S)⇒(((a,a),∧,(S)),S)⇒(((a,a),∧,(a)),S)⇒(((a,a),∧,(a)),a)

最右推导：

S⇒(T)⇒(T,S)⇒(T,(T))⇒(T,(T,S))⇒(T,(T,a))⇒(T,(S,a))⇒(T,(a,a))⇒(S,(a,a))⇒(a,(a,a))

S⇒(T)⇒(T,S)⇒(T,a)⇒(S,a)⇒((T),a)⇒((T,S),a)⇒((T,(T)),a)⇒((T,(S)),a)⇒((T,(a)),a)⇒((T,S,(a)),a)⇒((T,∧,(a)),a)⇒((S,∧,(a)),a)⇒(((T),∧,(a)),a)⇒(((T,S),∧,(a)),a)⇒(((T,a),∧,(a)),a)⇒(((S,a),∧,(a)),a)⇒(((a,a),∧,(a)),a)

(2) 以下是归约过程，加下划线的字符串是句柄：

  (((<u>a</u>,a),∧,(a)),a)
  (((<u>S,a</u>),∧,(a)),a)
  (((<u>T,a</u>),∧,(a)),a)
  (((T,S),∧,(a)),a)
  (((<u>T</u>),∧,(a)),a)
  ((<u>S</u>,∧,(a)),a)
  ((T,<u>∧</u>,(a)),a)
  ((T,S,(a)),a)
  ((T,(<u>a</u>)),a)
  ((T,(<u>S</u>)),a)

((T,(T)),a)
((T,S),a)
((T),a)
(S,a)
(T,a)
(T,S)
(T)
S

"移进－归约"过程如下：

步骤	栈	输入串	动作
0	#	(((a,a),∧,(a)),a)#	预备
1	#(	((a,a),∧,(a)),a)#	进
2	#((	(a,a),∧,(a)),a)#	进
3	#(((	a,a),∧,(a)),a)#	进
4	#(((a	,a),∧,(a)),a)#	进
5	#(((S	,a),∧,(a)),a)#	归约
6	#(((T	,a),∧,(a)),a)#	归约
7	#(((T,	a),∧,(a)),a)#	进
8	#(((T,a	),∧,(a)),a)#	进
9	#(((T,S	),∧,(a)),a)#	归约
10	#(((T	),∧,(a)),a)#	归约
11	#(((T)	,∧,(a)),a)#	进
12	#((S	,∧,(a)),a)#	归约
13	#((T	,∧,(a)),a)#	归约
14	#((T,	∧,(a)),a)#	进
15	#((T,∧	,(a)),a)#	进
16	#((T,S	,(a)),a)#	归约
17	#((T	,(a)),a)#	归约
18	#((T,	(a)),a)#	进

续表

步骤	栈	输入串	动作
19	#((T,(	a)),a)#	进
20	#((T,(a	)),a)#	进
21	#((T,(S	)),a)#	归约
22	#((T,(T	)),a)#	归约
23	#((T,(T)	),a)#	进
24	#((T,S	),a)#	归约
25	#((T	),a)#	归约
26	#((T)	,a)#	进
27	#(S	,a)#	归约
28	#(T	,a)#	归约
29	#(T,	a)#	进
30	#(T,a	)#	进
31	#(T,S	)#	归约
32	#(T	)#	归约
33	#(T)	#	进
34	#S	#	归约

3. 答：

(1)

　　FirstVT(S)＝{a,∧,(}

　　FirstVT(T)＝{,,a,∧,(}

　　LastVT(S)＝{a,∧,)}

　　LastVT(T)＝{,,a,∧,)}

(2)

	a	∧	(	)	,	#
a				>	>	>
∧				>	>	>
(	<	<	<	=	<	

续表

	a	∧	(	)	,	#
)				>	>	>
,	<	<	<	>	>	
#	<	<	<			≡

G_6 是算符文法,并且是算符优先文法。

(3) 优先函数：

	a	∧	(	)	,
f	4	4	2	4	4
g	5	5	5	2	3

所对应的方向图如图 5.10 所示。

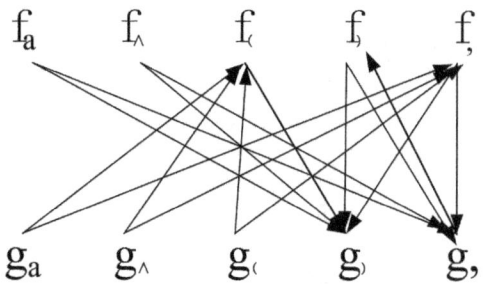

图 5.10　方向图

(4) 输入串(a,(a,a))的算符优先分析过程如下：

步骤	栈	输入串	动作
0	#	(a,(a,a))#	预备
1	#(	a,(a,a))#	进
2	#(a	,(a,a))#	进
3	#(S	,(a,a))#	归约
4	#(S,	(a,a))#	进
5	#(S,(	a,a))#	进
6	#(S,(a	,a))#	进
7	#(S,(S	,a))#	归约
8	#(S,(S,	a))#	进

续表

步骤	栈	输入串	动作
9	#(S,(S,a	))#	进
10	#(S,(S,S	))#	归约
11	#(S,(T	))#	归约
12	#(S,(T)	)#	进
13	#(S,S	)#	归约
14	#(T	)#	归约
15	#(T)	#	进
16	#S	#	归约

4. 答：

(1) 写出该文法的拓广文法 G'：

$S' \to S$

$S \to AS \mid b$

$A \to SA \mid a$

所有的项目如下：

$0: S' \to \cdot S$ $1: S' \to S \cdot$ $2: S \to \cdot AS$ $3: S \to A \cdot S$

$4: S \to AS \cdot$ $5: S \to \cdot b$ $6: S \to b \cdot$ $7: A \to \cdot SA$

$8: A \to S \cdot A$ $9: A \to SA \cdot$ $10: A \to \cdot a$ $11: A \to a \cdot$

(2) 用 GO 函数计算得到 LR(0) 项目集规范族：

$I_0 = \{S' \to \cdot S, S \to \cdot AS, S \to \cdot b, A \to \cdot SA, A \to \cdot a\}$

$GO(I_0, a) = \{A \to a \cdot\} = I_1$

$GO(I_0, b) = \{S \to b \cdot\} = I_2$

$GO(I_0, S) = \{S' \to S \cdot, A \to S \cdot A, A \to \cdot SA, A \to \cdot a, S \to \cdot AS, S \to \cdot b\} = I_3$

$GO(I_0, A) = \{S \to A \cdot S, S \to \cdot AS, S \to \cdot b, A \to \cdot SA, A \to \cdot a\} = I_4$

$GO(I_3, a) = \{A \to a \cdot\} = I_1$

$GO(I_3, b) = \{S \to b \cdot\} = I_2$

$GO(I_3, S) = \{A \to S \cdot A, S \to \cdot AS, S \to \cdot b, A \to \cdot SA, A \to \cdot a\} = I_5$

$GO(I_3, A) = \{A \to SA \cdot, S \to A \cdot S, S \to \cdot AS, S \to \cdot b, A \to \cdot SA, A \to \cdot a\} = I_6$

$GO(I_4,a)=\{ A\to a\cdot \}= I_1$

$GO(I_4,b)=\{ S\to b\cdot \}=I_2$

$GO(I_4,S)=\{ S\to AS\cdot ,A\to S\cdot A,S\to\cdot AS,S\to\cdot b,A\to\cdot SA,A\to\cdot a\}= I_7$

$GO(I_4,A)=\{ S\to A\cdot S,S\to\cdot AS,S\to\cdot b,A\to\cdot SA,A\to\cdot a\}= I_4$

$GO(I_5,a)=\{ A\to a\cdot \}= I_1$

$GO(I_5,b)=\{ S\to b\cdot \}=I_2$

$GO(I_5,S)=\{ A\to S\cdot A,S\to\cdot AS,S\to\cdot b,A\to\cdot SA,A\to\cdot a\}=I_5$

$GO(I_5,A)=\{ A\to SA\cdot ,S\to A\cdot S,S\to\cdot AS,S\to\cdot b,A\to\cdot SA,A\to\cdot a\}=I_6$

$GO(I_6,a)=\{ A\to a\cdot \}= I_1$

$GO(I_6,b)=\{ S\to b\cdot \}=I_2$

$GO(I_6,S)=\{ S\to AS\cdot ,A\to S\cdot A,S\to\cdot AS,S\to\cdot b,A\to\cdot SA,A\to\cdot a\}= I_7$

$GO(I_6,A)=\{ S\to A\cdot S,S\to\cdot AS,S\to\cdot b,A\to\cdot SA,A\to\cdot a\}= I_4$

$GO(I_7,a)=\{ A\to a\cdot \}= I_1$

$GO(I_7,b)=\{ S\to b\cdot \}=I_2$

$GO(I_7,S)=\{ A\to S\cdot A,S\to\cdot AS,S\to\cdot b,A\to\cdot SA,A\to\cdot a\}=I_5$

$GO(I_7,A)=\{ A\to SA\cdot ,S\to A\cdot S,S\to\cdot AS,S\to\cdot b,A\to\cdot SA,A\to\cdot a\}=I_6$

项目集规范族为 $C=\{ I_0,I_1,I_2,I_3,I_4,I_5,I_6,I_7\}$。

构造的 DFA 如图 5.11 所示。

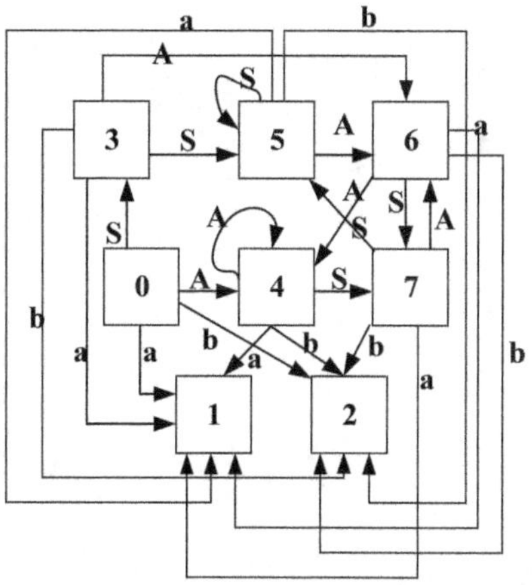

图 5.11 构造的 DFA

(3) $FOLLOW(S)=\{\#,a,b\}$ $FOLLOW(A)=\{a,b\}$

在 LR(0)项目集规范族中,同时存在"移进一归约"和"归约一归约"项目的项目集有 I_3、I_5 和 I_7;其中 I_3 中"归约"项目是"接受"项目,面临 ♯ 时接受,移进项目要求面临 a 和 b 时移进,不存在冲突;I_5 中归约项目面临 FOLLOW(A)中元素 a、b 时归约,"移进"项目面临 a、b 时移进,存在冲突;同理,I_7 也存在冲突。所以该文法不是 SLR 的。

(或者:构造出 SLR 分析表,指出存在多重入口)

(4) 构造 LR(1)项目集规范族:

$I_0: S' \to \cdot S, \sharp$ $I_2: S \to A \cdot S, \sharp/a/b$ $I_6: A \to S \cdot A, a/b$ $I_9: S \to AS \cdot, a/b$
$S \to \cdot AS, \sharp/a/b$ $S \to \cdot AS, \sharp/a/b$ $A \to \cdot SA, a/b$ $A \to S \cdot A, a/b$
$S \to \cdot b, \sharp/a/b$ $S \to \cdot b, \sharp/a/b$ $A \to \cdot a, a/b$ $A \to \cdot SA, a/b$
$A \to \cdot SA, a/b$ $A \to \cdot SA, a/b$ $S \to \cdot AS, a/b$ $A \to \cdot a, a/b$
$A \to \cdot a, a/b$ $A \to \cdot a, a/b$ $S \to \cdot b, a/b$ $S \to \cdot AS, a/b$

$I_1: S' \to S \cdot, \sharp$ $I_3: S \to b \cdot, \sharp/a/b$ $I_7: S \to b \cdot, a/b$ $S \to \cdot b, a/b$
$A \to S \cdot A, a/b$ $I_4: A \to a \cdot, a/b$ $I_8: S \to AS \cdot, \sharp/a/b$ $I_{10}: A \to S \cdot A, a/b$
$A \to \cdot SA, a/b$ $I_5: A \to SA \cdot, a/b$ $A \to S \cdot A, a/b$ $A \to \cdot SA, a/b$
$A \to \cdot a, a/b$ $S \to A \cdot S, a/b$ $A \to \cdot SA, a/b$ $S \to \cdot b, a/b$
$S \to \cdot AS, a/b$ $S \to \cdot AS, a/b$ $A \to \cdot a, a/b$ $A \to \cdot SA, a/b$
$S \to \cdot b, a/b$ $S \to \cdot b, a/b$ $S \to \cdot AS, a/b$ $A \to \cdot a, a/b$
                                    $A \to \cdot SA, a/b$ $S \to \cdot b, a/b$
                                    $A \to \cdot a, a/b$

因为 I_5、I_8、I_9 中存在"移进一归约"冲突,该文法不是 LR(1)的,更不是 LALR 的。

5. 证明:

(0) 文法拓广:

    0) $S' \to S$

    1) $S \to A$

    2) $A \to Ab$

    3) $A \to bBa$

    4) $B \to aAc$

    5) $B \to a$

    6) $B \to aAb$

(1) 文法拓广后项目集:

$S' \to \cdot S$ $S' \to S \cdot$ $S \to \cdot A$ $S \to A \cdot$ $A \to \cdot Ab$ $A \to \cdot b$ $A \to Ab \cdot$
$A \to \cdot bBa$ $A \to b \cdot Ba$ $A \to bB \cdot a$ $A \to bBa \cdot$ $B \to \cdot aAc$ $B \to a \cdot Ac$ $B \to aA \cdot c$

B→aAc·   B→·a   B→a·   B→·aAb   B→a·Ab   B→aA·b   B→aAb·

(2) 该文法的 LR(0) 项目集规范族如下：

I_0: S'→·S I_2: S→A· I_4: A→Ab· I_6: B→a·Ac
     S→·A   A→A·b I_5: A→bB·a   B→a·
     A→·Ab I_3: A→b·Ba   B→a·Ab
     A→·bBa   B→·aAc   A→·Ab
I_1: S'→S·   B→·a   A→·bBa
                           B→·aAb

I_7: A→bBa· I_9: B→aAc·
I_8: B→aA·c I_{10}: B→aAb·
     B→aA·b   A→Ab·
     A→A·b

DFA 略。

因为 I_2、I_6 中有"移进－归约"冲突，I_{10} 中有"归约－归约"冲突，所以该文法不是 LR(0) 的。

(3) FOLLOW(S)={#}   FOLLOW(A)={#,b,c}   FOLLOW(B)={a}

根据 SLR 分析表构造规则，上述冲突均可解决（如下表），该文法是 SLR 的。

状态	Action				Goto		
	a	b	c	#	S	A	B
0		s3			1	2	
1				acc			
2		s4		r1			
3	s6						5
4		r2	r2	r2			
5	s7						
6	r5	s3				8	
7		r3	r3	r3			
8		s10	s9				
9	r4						
10	r6	r2	r2	r2			

第 6 章 属性文法和语法制导翻译

【本章概述】

属性文法和语法制导翻译是目前比较流行的一种语义描述和语义处理方法，本章的内容是第 7 章的理论基础，通过本章的学习，使学生掌握属性文法的基本概念和基于属性文法的处理方法，为后续章节的学习打下良好的基础。本章介绍属性文法的概念以及基于属性文法的处理方法，并讨论如何在自上而下和自下而上分析中实现属性的计算，从而完成语义分析和处理。

【总学时】

6 学时。

【支撑的课程目标和毕业要求】

本单元各知识点的讲授和学习，可以重点支撑"课程目标 2. 培养学生选择适当的模型，以形式化的方法去描述语言及其翻译子系统，提升学生的系统设计与实现能力"和"课程目标 3. 强化学生数字化、算法、模块化等专业核心意识，掌握自顶向下、自底向上、递归求解、模块化等典型方法，培养其包括功能划分、多模块协调、形式化描述、程序实现等在内的复杂系统设计实现能力"，也即毕业要求指标点 2.1 和 3.1。使学生掌握计算机工程所需的属性文法的基本概念，使得学生能够在解决实际问题和计算机工程领域的工程问题时对模型的形式化描述和实现做出合理选择和使用。

本单元教学使用多媒体课件，配合板书和范例演示，激发学生的学习兴趣。通过课堂讨论及课后作业，培养学生依据所学知识进行问题求解，达到课程目标的要求。

6.1 属性文法

【学时】

30 分钟。

【教学内容】

属性文法的概念;属性的含义、分类、计算规则。

【教学重点】

属性文法的概念。

【教学难点】

属性的含义;综合属性(synthesized attribute)和继承属性(inherited attribute)的计算规则。

【教学目的与要求】

(1) 掌握属性文法的概念。

(2) 理解属性的含义。

(3) 理解综合属性和继承属性的计算规则。

【学情分析】

(1) 学生已经知道如何用上下文无关文法描述语言的语法规则,并且学习了自上而下和自下而上两种语法分析方法。

(2) 学生第一次接触到语义的形式化描述,会感觉抽象、难以理解,要结合具体例子让学生理解如何用属性文法描述语言的语义规则。

【知识背景】

Irons(1961 年)阐述了如何用综合属性来表示语言的翻译;Samelson 与 Bauer(1960 年)、Brooker 与 Morris(1962 年)讨论了调用语义动作的语法分析器的设计思想;Knuth(1968 年)研究了继承属性、依赖图、强无环检测等内容,进一步提出了环形检测的概念和方法。

Lewis、Rosenkrantz 和 Stearns(1974 年)提出了在语法分析过程中进行翻译的 L 属性文法定义;Bochmann 和 Ward(1978 年)提出了一种机械式预测翻译器构造方法;Jones 和 Madsen(1980 年)提出了一个能在 LR(1)分析过程中进行计算的属性;Engelfriet(1984 年)对属性计算方法进行了综述。

在 Fortran 和 Algol 60 等早期语言中，对基本类型和类型构造符的限制比较严格，所以类型检查不是严重的问题，因此，在它们的编译器中，将类检查的描述隐藏在表达式代码生成的讨论中；Sheridan(1959 年)描述了最初的 Fortran 编译器对表达式的翻译，该编译器能知道表达式的类型是整型还是实型，但它不允许强制类型转换，强制类型转换和重载的结合可能导致二义性。

图灵奖获得者 Donald Ervin Knuth 可以说是计算机界的一个传奇，他是世界顶级计算机科学家之一，其编写的巨著《计算机程序设计的艺术》被《美国科学家》杂志列为改变 20 世纪科学最重要的 100 本书之一。他为了编写这本书，甚至自己编写了排版软件 TEX，该软件的后续版本至今广为使用。有趣的是，就像我们在课堂上看到的，这类编辑排版工作可以视为一个语言的翻译，可以利用形式语言的定义与分析技术。他用 TEX 软件编写了一部介绍了算法和程序设计方法的书，书中又包括了 Knuth 自己在算法领域的工作，如 LR 分析法。随后，Knuth 又发明了文件程序设计的两种语言，以及"文章性程式语言"相关的方法论。在编译程序的工作之后，Knuth 教授走上了形式上定义程序语言意义、语义的研究道路，他建立起一个更加经济的方法去翻译联合规则，并把这种方法称作"属性规则"。该方法创立的同时，计算机科学的子域被称作"属性文法"。从 Knuth 身上我们可以看到理论方法研究和实际系统开发的完美结合。

【预习安排】

有兴趣的同学可以在网上了解下 Knuth 的资料。请结合 Knuth 的例子以及你自己的经历，谈谈你对理论和实践相结合的体会。

【教学实施建议】

(1) 属性一般用来描述客观存在的事物或人的特性。

可让学生举出一些例子。例如，学生的姓名、年龄、家庭住址等，商品的颜色、重量、单价等，这些都表示人或事物的特征。在编译技术中，用属性描述计算机处理对象的特征。

(2) 首先引导学生回忆编译程序是如何用上下文无关文法描述语法规则的，文法中的终结符号和非终结符号是如何代表语法单位的，由此引出属性的概念。

随着编译过程的推进，对语法分析阶段产生的语法树将进行语义分析，分析的结果用某种形式的中间代码描述出来。对一棵等待翻译的语法树，它的各个结点都是文法的某个符号 X，X 可以是终结符也可以是非终结符。根据语义处理的需要，在用文法规则(A→αXβ)进行归约或推导时，应能准确而适当地表达文法符号在处理规则 A→αXβ 时的不同特征。例如，判断变量 X 的类型是否匹配要用 X 的数据类型描述，判断变量 X 是否存在要用 X 的存储位置，而对 X 的运算要用 X 的值描述。因此语义分析阶段引入 X 的属性，如 X. type、X. place、X. val 等分别描述 X 的类型、存储位置、值等。

(3) 在属性的概念理解基础上,介绍属性文法的定义。

一个属性文法是在上下文无关文法的基础上,允许每个文法符号 X(终结符号或非终结符号)根据处理的需要,定义与 X 相关联的属性。如 X 的类型 X.type、X 的值 X.val、X 的存储位置 X.place 等。对属性的处理有计算、传递信息等,属性处理的过程也就是语义处理过程,处理时遵循的规则就是语义规则。为每个文法的规则定义的一组属性计算规则,称为语义规则。

产生式 A→α 的语义规则的一般形式为 b:=$f(c_1,c_2,\cdots,c_k)$。

其中:

① f 是一个函数。

② 或者 b 是 A 的综合属性,且 $c_1,c_2,\cdots,c_k$ 是 α 中文法符号的属性。

③ 或者 b 是 α 中某个文法符号的继承属性,且 $c_1,c_2,\cdots,c_k$ 是 A 或 α 中任何文法符号的属性。

属性文法是编译技术中用来说明程序设计语言语义的工具,在上下文无关文法的基础上为每条产生式配上一组语义规则就是属性文法。

④ 介绍综合属性和继承属性,并举例说明。

属性可以分为两类:综合属性和继承属性。一般情况下,综合属性用于"自下而上"传递信息,继承属性用于"自上而下"传递信息。又根据不同的处理要求,属性和语义规则可以多种形式出现,也就是说,与每个文法符号相关联的可以是各种属性、断言及语义规则,或者某种程序设计语言的程序段等。

【课堂互动】

(1) 就预习提出的问题进行讨论,文法符号(终结符号、非终结符号)代表什么样的语法单位,在翻译过程中,文法符号应当有哪些信息,从而引出属性的概念。

(2) 通过属性文法的例子,让学生区分综合属性和继承属性在信息传递方面的不同。

【典型例题】

例 1 产生式 A→BC 有以下语义规则:

C.d:=B.c+1

A.b:=A.a+B.c

属性 a、b、c、d 是综合属性还是继承属性?

答案:继承属性有 a 和 d,综合属性有 b 和 c。

解析:根据属性文法的概念,每条产生式必须为而且只能为产生式左部符号的综合属性和右部符号的继承属性提供计算规则。即:

① 由该产生式提供计算规则获得的是：产生式右部文法符号的继承属性，产生式左部文法符号的综合属性。

② 由其他产生式的属性规则计算或由属性计算器的参数提供的是：产生式左部文法符号的继承属性，产生式右部文法符号的综合属性。

本题中，为产生式右部符号 C 的属性 d、左部符号 A 的属性 b 提供了计算规则（C.d、A.b 在语义规则的赋值号前面），所以 d 为继承属性，b 为综合属性。另外，没有为右部符号 B 的属性 b 和左部符号 A 的属性 a 提供计算规则，所以，b 是综合属性，a 为继承属性。

例 2 以下属性文法中的属性 val 是综合属性还是继承属性？

$L \rightarrow E_n$ print(E.val)

$E \rightarrow E_1 + T$ $E.val := E_1.val + T.val$

$E \rightarrow T$ $E.val := T.val$

$T \rightarrow T_1 * F$ $T.val := T_1.val * F.val$

$T \rightarrow F$ $T.val := F.val$

$F \rightarrow (E)$ $F.val := E.val$

$F \rightarrow digit$ $F.val := digit.lexval$

答案：综合属性。

解析：对于这种给定一个完整属性文法的情况，需要从每条产生式及其语义规则出发进行分析。本题中，产生式 $L \rightarrow E_n$ 的语义规则是 print(E.val)，其中使用了右部符号 E 的属性 val，而没有为其进行赋值（提供计算规则），由此可判定 val 是综合属性。或者根据其他产生式，如 $E \rightarrow E_1 + T$ 的语义规则 $E.val := E_1.val + T.val$，为左部符号 E 的属性 val 提供了计算规则，因而可判定 val 为综合属性。需要注意的是，一个属性要么是继承属性，要么是综合属性，不可能同时是继承属性和综合属性。

例 3 以下属性文法中的属性 in 和 type 是综合属性还是继承属性？

$D \rightarrow TL$ $L.in := T.type$

$T \rightarrow int$ $T.type := integer$

$T \rightarrow real$ $T.type := real$

$L \rightarrow L_1, id$ $L_1.in = L.in$

                            addtype(id.entry, L.in)

$L \rightarrow id$ addtype(id.entry, L.in)

答案：in 是继承属性，type 是综合属性。

解析：产生式 $D \rightarrow TL$ 的语义规则 $L.in := T.type$ 为产生式右部符号 L 的属性 in 提供了计算规则，所以 in 是继承属性，同时该产生式的语义规则没有为右部符号 T 的属性 type 提供计算规则,可以判定,type 是综合属性。通过其他产生式及其语义规则都可以获得同样结论。

6.2 基于属性文法的处理方法

【学时】

60 分钟。

【教学内容】

三种基于属性文法的语义规则计算方法:依赖图、树遍历、一遍扫描的处理方法。

【教学重点】

一遍扫描的处理方法。

【教学难点】

一遍扫描的处理方法。

【教学目的与要求】

(1) 了解通过依赖图进行属性计算的方法。

(2) 了解通过树遍历进行属性计算的方法。

(3) 掌握一遍扫描的处理方法。

【学情分析】

(1) 学生已经掌握了属性文法的概念,如何利用属性文法完成属性计算是学生迫切想了解的问题。

(2) 学生在数据结构中学过了拓扑排序、树的遍历等算法,因此本节内容对学生来说易于理解。

【知识背景】

从概念上讲,基于属性文法的处理过程通常是这样的:对单词符号串进行语法分析,构造语法分析树,然后根据需要遍历语法树并在语法树的各结点处按语义规则进行计算,这种由源程序的语法结构所驱动的处理办法就是语法制导翻译法。语义规则的计算可能产出代码、在符号表中存放信息、给出错误信息或执行其他动作。对输入串的翻译也就是根据语义规则进行计算的结果。

【预习安排】

复习数据结构课程中有关树的遍历算法和图的拓扑排序算法。

【教学实施建议】

(1) 首先介绍语法制导翻译的概念,指出语义分析是由源程序的语法结构驱动的,语义和语法密不可分。

语法制导翻译法的基本思想是对文法中的每个产生式都附加上一个语义动作或者语义子程序,在执行语法分析的过程中,每当使用一条产生式进行推导或归约时,就执行相应产生式的语义动作。这些语义动作不仅指明了该产生式所产生符号串的意义,而且还根据这种意义规定了对应的加工动作(如查填各类表格、改变编译程序的某些变量的值、打印各种错误信息及生成中间代码等),从而完成预定的翻译工作。简言之,所谓语法制导翻译就是在语法分析过程中,随着分析的逐步发展,根据相应文法的每一规则所对应的语义子程序进行翻译的方法。

(2) 先总体介绍三种基于属性文法的语义处理方法,指出它们的不同,然后通过举例具体介绍每种处理方法。

基于属性文法的处理方法包括三种:构造依赖图、树遍历和一遍扫描的方法。其中,构造依赖图的方法需要先完成语法分析,产生语法分析树,然后构造属性间的依赖关系,得到依赖关系图,然后进行拓扑排序,得到属性的计算次序;树遍历的方法也是需要先完成语法分析,产生语法分析树,然后通过对语法树进行遍历,直到所有属性都计算出来为止;一遍扫描的方法是在语法分析的同时能够完成属性处理,这就对属性文法提出了较高的要求。

(3) 比较三种方法,指出一遍扫描的方法最适合编译程序的语义处理,引出 S-属性文法和 L-属性文法,为接下来两节做铺垫。

S-属性文法是只包含综合属性的属性文法,这种属性文法适合自下而上的语义翻译;L-属性文法适合自上而下的语义翻译,为了能够在语法分析的同时完成语义规则处理,需要 L-属性文法的语义规则满足比较严苛的条件。

(4) 介绍抽象语法树的概念。

【课堂互动】

(1) 引导学生通过拓扑排序对依赖图中的结点进行排序,并按此次序计算属性。

(2) 引导学生通过树的遍历进行语义的计算。

(3) 让学生讨论三种处理方式,引导学生回答哪种方式能够最高效地进行语义处理,并指出要想一遍扫描完成,属性文法应当满足相应条件,从而引出 S-属性文法和 L-属性文法。

【典型例题】

例1 下面定义的属性文法说明了一个台式计算器,该计算器读入一个可含数字、括号和+、*运算符的算术表达式,并打印表达式的值,每个输入行以 n 作为结束。假设表达式为 3＊5＋4,后跟一个换行符 n,则程序打印数值 19。通过带注释的语法树和依赖图的方式,给出输入串 real id1,id2,id3 的语义处理过程。

$$
\begin{aligned}
&D \rightarrow TL && L.in:=T.type \\
&T \rightarrow int && T.type:=integer \\
&T \rightarrow real && T.type:=real \\
&L \rightarrow L_1,id && L_1.in=L.in \\
& && addtype(id.entry, L.in) \\
&L \rightarrow id && addtype(id.entry, L.in)
\end{aligned}
$$

答案:输入串 real id1,id2,id3 的带注释语法树如图 6.1 所示。

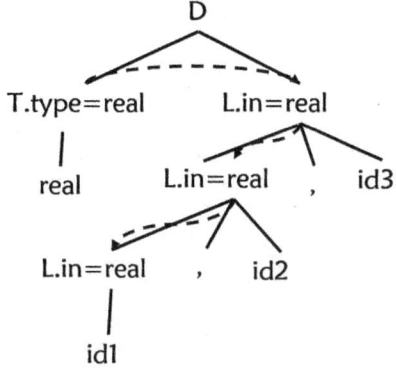

图 6.1 带注释的语法树

构造依赖图,如图 6.2 所示。

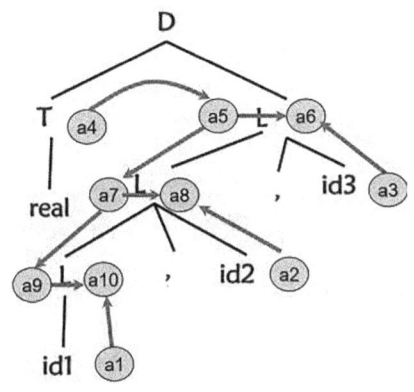

图 6.2 依赖图

依赖图拓扑排序结果:

a1,a2,a3,a4,a4,a5,a6,a7,a8,a9,a10

属性计算如下:

a4:=real

a5:=a4

addtype(id3.entry,a5);
a7:=a5;
addtype(id2.entry,a7);
a9:=a7;
addtype(id1.entry,a9);

解析：通过依赖图计算属性的流程是：根据输入串画出语法树，画出依赖图，根据拓扑排序得到语义规则的计算次序，然后根据该次序进行语义规则计算，最后得到翻译结果。

例 2 对下述属性文法 G，采用树遍历的方式进行属性计算，并给出输出串 xyz 的语义分析过程中属性计算的过程。

G：　　S→XYZ　　　Z.h:=S.a
　　　　　　　　　　X.c:=Z.g
　　　　　　　　　　S.b:=X.d−2
　　　　　　　　　　Y.e:=S.b
　　　　X→x　　　　X.d:=2*X.c
　　　　Y→y　　　　Y.f:=Y.e*3
　　　　Z→z　　　　Z.g:=Z.h+1

答案：假设 S.a 的初始值为 0，则输入串 xyz 的语法树如图 6.3 所示。

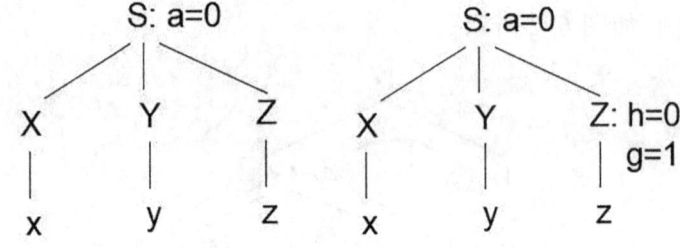

　　（a）初始状态　　　　（b）对 VisitNode(S) 的第 1 次调用后

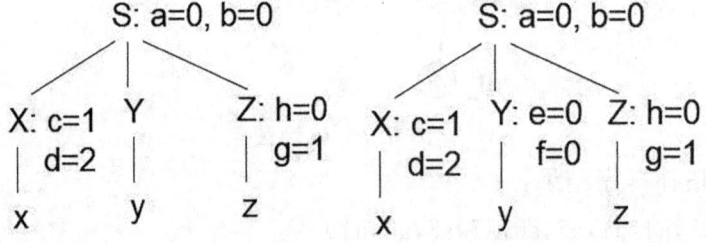

　（c）对 VisitNode(S) 的第 2 次调用后　　（d）对 VisitNode(S) 的第 3 次调用后

图 6.3　利用树遍历进行属性计算

解析：树遍历的处理算法如下：

While 还有未被计算的属性 do
VisitNode(S)/*S 是开始符号*/
procedure VisitNode(N:Node);
begin
　　If N 是一个非终结符 then
　　/*假设它的产生式为 N→$X_1 \cdots X_m$*/
　　for i:=1 to m do
　　　　if not $X_i \in$ VT then /*即 X_i 是非终结符*/
　　　　　　begin
　　　　　　　　计算 X_i 的所有能够计算的继承属性；
　　　　　　　　VisitNode(X_i)
　　　　　　end;
　　计算 N 的所有能够计算的综合属性
end

例 3　为表达式建立抽象语法树的属性文法如下：

　　E→ E_1+T　　　　E.nptr:=mkNode('+',E_1.nptr,T.nptr)
　　E→ E_1-T　　　　E.nptr:=mkNode('-',E_1.nptr,T.nptr)
　　E→ T　　　　　　E.nptr:=T.nptr
　　T→ (E)　　　　　T.nptr:=E.nptr
　　T→ id　　　　　 T.nptr:=mkleaf(id,id.entry)
　　T→ num　　　　　T.nptr:=mkleaf(num,num.val)

画出输入串 a-4+c 的带注释的语法树，如图 6.4 所示。

答案：

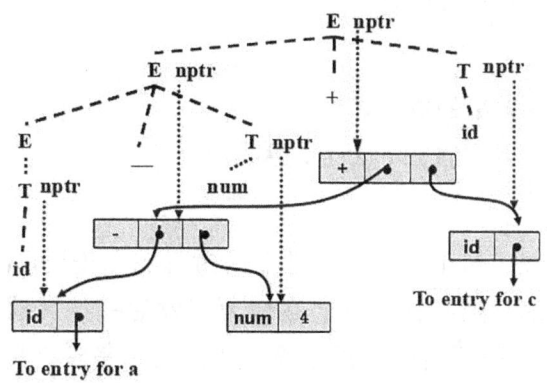

图 6.4　a-4+c 的带注释的语法树

解析： 属性文法中函数 mkleaf(id, id.entry) 建立一个标识符结点，标号为 id，id.entry 指向标识符在符号表中的入口；函数 mkleaf(num, num.val) 建立一个数结点,标号为 num,num.val 用于存放数的值;函数 mknode(op,left,right)建立一个运算符结点,标号是 op,两个域 left 和 right 分别指向左子树和右子数。与产生式 T→id 和 T→num 相应的语义规则决定了属性 T.nptr 分别指向一个标识符和一个数的新的叶结点指针,属性值 id.entry 和 num.val 是词法值,由词法分析器提供。当一个表达式是一个单项时,相应于使用产生式 E→T,属性 E.nptr 得到 T.nptr 的值。当与产生式 E→E_1－T 对应的语义规则 E.nptr:＝mknode('－',E_1.nptr,T.nptr)被引用时,前面的规则已经把 E1.nptr 和 T.nptr 分别置为指向代表 a 和 4 结点的指针。上述属性文法只含有综合属性,在自下而上的语法分析过程中就可以完成所有属性计算。

6.3 S—属性文法的自下而上计算

【学时】

  85 分钟。

【教学内容】

  S—属性文法的概念,S—属性文法的自下而上计算。

【教学重点】

  S—属性文法的自下而上计算。

【教学难点】

  S—属性文法的自下而上计算。

【教学目的与要求】

  (1) 掌握 S—属性文法的概念。

  (2) 掌握 S—属性文法的自下而上计算方法。

【学情分析】

  (1) 学生已经掌握了自下而上的语法分析过程和基于属性文法的处理方法。

  (2) 学生已经了解一遍扫描的方法是最为高效的一种属性处理方式,迫切想知道在自下而上和自上而下语法分析过程中如何同时完成语义处理,具有强烈的学习意识。

【预习安排】

  (1) 复习自下而上语法分析,思考如何在自下而上语法分析过程中进行语义处理。

(2) 预习 S-属性文法的定义。

【教学实施建议】

(1) 引导学生回答自下而上语法分析过程是怎样的,包括用栈存储文法符号、进栈/出栈操作、如何发现可归约串等。

(2) 介绍 S-属性文法概念,并举例说明。

(3) 将 S-属性文法中的语义规则转换成代码,通过扩充栈操作在一遍自下而上的过程中同时完成语法和语义分析。

【课堂互动】

(1) 引导学生思考 S-属性文法为何只包含综合属性。

(2) 就预习提出的问题进行讨论,引导学生回答 LR 分析器的工作原理。

(3) 引导学生思考对栈如何扩充以完成属性计算。

【典型例题】

例 1 关于 S-属性文法,以下说法错误的是_____。

A. S-属性文法中的文法符号仅包含综合属性

B. S-属性文法中的每个文法符号都必须至少包含一个综合属性

C. S-属性文法能够在自下而上语法分析过程中完成语义处理

D. S-属性文法的翻译过程需要借助于栈来完成

答案:B。

解析:属性文法中的文法符号不一定都有属性。

例 2 一个简单台式计算器的属性文法如下:

产生式	语义规则
L→En	print(E.val)
E→E_1+T	E.val:=E_1.val+T.val
E→T	E.val:=T.val
T→T_1*F	T.val:=T1.val*F.val
T→F	T.val:=F.val
F→(E)	F.val:=E.val
F→digit	F.val:=digit.lexval

(1) 判断该文法是不是 S-属性文法。

(2) 将语义规则变换成对栈操作的代码段。

(3) 给出翻译输入串 3*5+4n 过程中栈的变化过程。

答案:

(1) 是。

(2) 假设对栈进行扩充后,用 val 栈存放对于文法符号的 val 属性值,其中 top 代表栈顶位置,ntop 代表归约后新的栈顶位置,若产生式右部的文法符号个数为 r,则新栈顶 ntop=top-r+1,在每个代码段指向后,执行 top:=ntop,为了方便,有关 ntop 的改变和 top 的赋值没有在下面代码中体现。

L→E$_n$ print(val[top-1])
E→E$_1$+T   val[ntop]:=val[top-2]+val[top]
E→T
T→T$_1$*F   val[ntop]:=val[top-2]*val[top]
T→F
F→(E)   val[ntop]:=val[top-1]
F→digit

(3) 分析过程如表 6.1 所示。

表 6.1 分析过程

输入	state	val	产生式
3*5+4n			
*5+4n	3	3	
*5+4n	F	3	F→digit
*5+4n	T	3	
5+4n	T*	3_	
+4n	T*5	3_5	
+4n	T*F	3_5	F→digit
+4n	T	15	T→T*F
+4n	E	15	E→T
4n	E+	15_	
n	E+4	15_4	
n	E+F	15_4	F→digit
n	E+T	15_4	T→F
n	E	19	E→E+T
	E$_n$	19_	
	L	_	L→E$_n$

解析:该属性文法中只含有综合属性,所以是 S-属性文法,需要采用自下而

上翻译,当执行每个产生式后面的语义动作时,栈顶正好形成了产生式的右部符号串。例如,若有产生式 A→XYZ 的语义规则 A.a:=f(X.x, Y.y, Z.z)执行时,XYZ 正好呈现在栈顶,需要将其归约成 A,Z.z 的属性值在 val[top],Y.y 的属性值在 val[top−1],Z.z 的属性值在 val[top−2],所有该语义规则对应的代码段为 val[ntop]:=f(val[top−2], val[top−1], val[top]);产生式 F→T 的语义规则为 F.val:=T.val,因为其新栈顶和老栈顶位置相同,而且值不变,所以对应的代码段为空。

6.4 L−属性文法和自顶向下翻译

【学时】

　　90 分钟。

【教学内容】

　　L−属性文法的定义;翻译模式;递归下降翻译器的设计。

【教学重点】

　　翻译模式;递归下降翻译器的设计。

【教学难点】

　　翻译模式;递归下降翻译器的设计。

【教学目的与要求】

　　(1) 掌握 L−属性文法的定义。
　　(2) 了解翻译模式。
　　(3) 掌握递归下降翻译器的设计。

【学情分析】

　　(1) 学生已经掌握了 S−属性文法的自下而上处理方法,了解到语义分析需要用语法结构驱动语义处理。
　　(2) 学生在第 4 章已经学习了 LL(1)文法及其自上而下的语法分析方法。

【预习安排】

　　预习 L−属性文法的定义,并分析该定义这样制定的背后原因是什么。

【教学实施建议】

(1) 就预习内容展开讨论,通过画出语法分析树的深度优先遍历过程(如图 6.5 所示,图中三角形代表计算继承属性的位置,圆形代表计算综合属性的文字),引领学生理解 L-属性文法的定义。对于产生式 A→X_1…X_j…X_k,在遍历过程中,对于产生式右部符号 X_j 若有继承属性时,可以依赖产生式左部符号 A 的继承属性和所在候选式中前面符号的继承或综合属性,而产生左部符号 A 的综合属性则可以依赖于产生式中的其他任何属性。

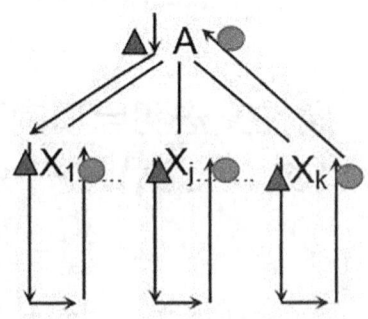

图 6.5 语法分析树的式遍历过程

(2) 举例介绍翻译模式的概念,并介绍如何在自上而下分析过程中完成语义处理。

(3) 介绍递归下降翻译器的设计过程。

(4) 总结 L-属性文法及其自上而下处理方法,并引导学生总结 S-属性文法及其自下而上处理方法。

【课堂互动】

(1) 就预习提出的问题进行讨论。

(2) 在介绍翻译模式过程中,由学生全程参与到过程分析中。

(3) 学生自己总结 L-属性文法和 S-属性文法相关内容。

【典型例题】

例 1 以下属性文法是 L-属性文法吗?

产生式	语义规则
A→LM	L.i=l(A.i) M.i=m(L.s)
A→QR	R.i=r(A.i) Q.i=q(R.s) A.s=f(Q.s)

答案：否。

解析：L—属性文法的定义为：对任意产生式 A→$X_1X_2\cdots X_n$，其每个语义规则中的属性或者是综合属性，或者 X_j 是一个继承属性，且仅依赖于：

① $X_1X_2\cdots X_{j-1}$；

② A 的继承属性。

上述属性文法中 i 是继承属性，s 是综合属性，根据 L—属性文法定义，产生式 A→QR 的语义规则中 Q.i=q(R.s)不符合要求，继承属性 Q.i 不能依赖于产生式右边符号的属性 R.s。

例 2 把下面属性文法修改为翻译模式：

产生式	语义规则
S →B	B.ps=10 S.ht=B.ht
B →B_1B_2	B_1.ps=B.ps B_2.ps=B.ps S.ht=max(B_1.ht,B_2.ht)
B →B_1subB_2	B_1.ps=B.ps B_2.ps=shrink(B.ps) S.ht=disp(B_1.ht,B_2.ht)
B →text	B.ht=text.h * B.ps

答案：转换后的翻译模式为：

S →{B.ps=10 }
　　B{S.ht=B.ht}
B → {B_1.ps=B.ps}
　　B_1{B_2.ps=B.ps}
　　B_2{S.ht=max(B_1.ht,B_2.ht)}
B → {B_1.ps=B.ps}
　　B_1 sub{B_2.ps=shrink(B.ps)}
　　B_2{S.ht=disp(B_1.ht,B_2.ht)}
B →text{B.ht=text.h * B.ps}

解析：翻译模式建立的规则为：

(1) 产生式右边的符号的继承属性必须在这个符号以前的动作中计算出来。

(2) 一个动作不能引用这个动作右边符号的综合属性。

（3）产生式左边非终结符的综合属性只能在它所引用的所有属性都计算出来以后才能计算。通常这类动作可放在产生式右端的末尾。

例3 将下述文法消除左递归：

$E \rightarrow E_1 + T$ $\{E.val := E_1.val + T.val\}$

$E \rightarrow E_1 - T$ $\{E.val := E_1.val - T.val\}$

$E \rightarrow T$ $\{E.val := T.val\}$

$T \rightarrow (E)$ $\{T.val := E.val\}$

$T \rightarrow num$ $\{T.val := num.val\}$

答案：

$E \rightarrow T$ $\{R.i := T.val\}$

     R $\{E.val := R.s\}$

$R \rightarrow +$

     T $\{R_1.i := R.i + T.val\}$

     R_1 $\{R.s := R1.s\}$

$R \rightarrow -$

     T $\{R_1.i := R.i - T.val\}$

     R_1 $\{R.s := R_1.s\}$

$R \rightarrow \varepsilon$ $\{R.s := R.i\}$

$T \rightarrow (E \{T.val := E.val\})$

$T \rightarrow num$ $\{T.val := num.val\}$

解析： 在自顶向下分析过程中，在消除左递归的同时考虑属性计算。直接左递归：

$P \rightarrow P\alpha_1 | P\alpha_2 | \cdots | P\alpha_m | \beta_1 | \beta_2 | \cdots | \beta_n$ $(\alpha_i \neq \varepsilon)$

消除左递归后：

$P \rightarrow \beta_1 P' | \beta_2 P' | \cdots | \beta_n P'$

$P' \rightarrow \alpha_1 P' | \alpha_2 P' | \cdots | \alpha_m P' | \varepsilon$

例4 构造以下文法的递归下降翻译器：

$E \rightarrow T$ $\{R.i := T.nptr\}$

     R $\{E.nptr := R.s\}$

$R \rightarrow addop$

     T $\{R_1.i := mknode(addop.lexme, R.i, T.nptr)\}$

     R_1 $\{R.s := R_1.s\}$

$R \rightarrow \varepsilon$ $\{R.s := R.i\}$

$T \rightarrow (E)$ $\{T.nptr := E.nptr\}$

$T \to$ id {T.nptr:=mkleaf(id,id.entry)}

$T \to$ num{T.nptr:=mkleaf(num,num.val)}

答案：

function E: ↑AST−node;

    var nptr, i, s, tnptr: ↑AST−node;

begin

    nptr:=T;

    i:=tnptr;

    s:=R(i);

    nptr:=s;

    rturn nptr;

end

function R(in: ↑AST−node) : ↑AST−node;

    var nptr, i_1, s_1, s: ↑AST−node;

    Addoplexeme: char;

begin

        if sym=addop then begin

            addoplexeme:=lexval;

            advance;

            nptr:=T;

            i_1:=mknode(addoplexeme, in, nptr);

            s_1:=R(i1);

            s:=s_1;

    end

    else s:=in;

    return s;

end

function T: ↑AST−node;

    var enptr, nptr: ↑AST−node;

begin

    if sym='(' then

        begin

            advance;

            enptr:=E;

                if sym=')' then begin advance; nptr：=enptr; return nptr; end
        end;
function T：↑AST-node;
var nptr, entry：↑AST-node;
    val：integer;
begin
    if sym="id" then begin advance; nptr：=mkleaf(id, entry); return nptr;
end;
    else if sym="num" begin advance; nptr=mkleaf(num, val); return nptr;
end;
end;
    解析：递归下降翻译器构造时，需要为每一个非终结符号 A 构造一个函数 A()，构造方法如下：
    （1）函数头：
    返回值类型：A 的综合属性的类型；
    形参：A 的每个继承属性对应一个变量；
    局部变量：为 A 的综合属性和产生式右部符号的每个属性设定一个变量。
    （2）函数体：
    终结符号：把该符号的综合属性值赋值给它设定变量；
    非终结符号：调用该非终结符号函数，形式为 c：=B(b_1,b_2,…);
    动作：把动作中的属性替换为相应的变量。

6.5　本章小结

【学时】
    5 分钟。
【教学实施建议】
    总结本课程的基本内容及要求如下：
    （1）掌握属性文法的相关概念。
    （2）掌握 S-属性文法及其自下而上翻译方法。
    （3）掌握 L-属性文法、翻译模式及递归下降翻译器构造方法。
    （4）理解一个属性文法的方法如图 6.6 所示。

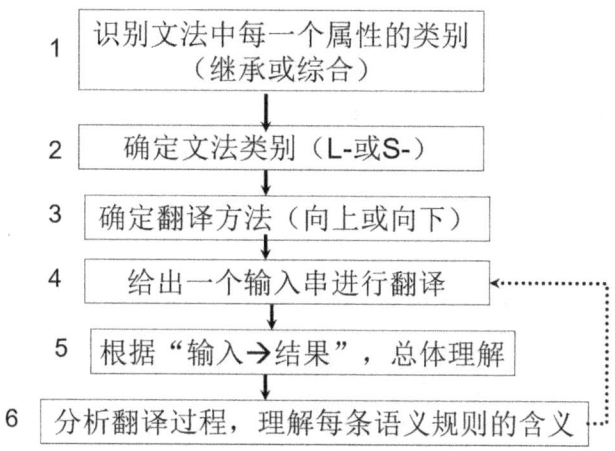

图 6.6 理解一个属性文法的方法

【课后作业布置】

一、选择题

1. 属性可以分为_____。
   A. 继承属性和综合属性　　　　B. 继承属性和遗传属性
   C. 遗传属性和综合属性　　　　D. 继承属性和联合属性
2. 关于终结符号的属性,以下说法正确的是_____。
   A. 仅有综合属性　　　　　　　B. 仅有继承属性
   C. 既有综合属性又有继承属性　D. 由语义分析器提供
3. 关于非终结符号的属性,以下说法正确的是_____。
   A. 仅有综合属性　　　　　　　B. 仅有继承属性
   C. 既有综合属性又有继承属性　D. 由语义分析器提供
4. 用于自上而下传递信息的是_____。
   A. 综合属性　　　　　　　　　B. 继承属性
   C. 综合属性和继承属性　　　　D. 继承属性和遗传属性
5. 用于自下而上传递信息的是_____。
   A. 综合属性　　　　　　　　　B. 继承属性
   C. 综合属性和继承属性　　　　D. 继承属性和遗传属性
6. L 属性文法中,对于产生式 $A \rightarrow X_1 X_2 \cdots X_n$,其对应的语义规则中,$X_i$ 的继承属性 $X_i.x$ 不可以依赖的属性有_____。

   A. A 的继承属性

   B. $X_1, X_2, \cdots, X_{i-1}$ 的综合属性

   C. $X_1, X_2, \cdots, X_{i-1}$ 的继承属性

   D. $X_{i+1}, \cdots, X_n$ 的属性

二、简答题

1. 基于属性文法的语义处理方法有哪三种？请简述之。
2. 什么是依赖图？采用构造依赖图的方法进行语义处理的过程是什么？
3. 什么是 S－属性文法？什么是 L－属性文法？
4. 建立翻译模式的方法是什么？

三、综合题

1. 考虑以下属性文法：

$$S \to XYZ \qquad Z.h := S.a$$
$$\qquad\qquad\qquad X.c := Z.g$$
$$\qquad\qquad\qquad S.b := X.d - 2$$
$$\qquad\qquad\qquad Y.e := S.b$$
$$X \to x \qquad X.d := 2 * X.c$$
$$Y \to y \qquad Y.f := Y.e * 3$$
$$Z \to z \qquad Z.g := Z.h + 1$$

(1) 属性文法中对每条产生式关联的语义规则有什么要求？请简述之。

(2) 根据(1)，判定上述文法中是综合属性的有哪些？

2. 根据下述属性文法：

$$E \to E_1 + T \qquad E.val := E_1.val + T.val$$
$$E \to T \qquad\quad E.val := T.val$$
$$T \to T_1 * F \qquad T.val := T_1.val * F.val$$
$$T \to F \qquad\quad T.val := F.val$$
$$F \to (E) \qquad\quad F.val := E.val$$
$$F \to digit \qquad F.val := digit.lexval$$

构造表达式 $(4*7+1)*2$ 的带注释的语法树。

3. 对表达式 $((a)+(b))$：

(1) 按照下述属性文法构造该表达式的抽象语法树；

$$E \to E_1 + T \qquad E.nptr := mkNode(`+', E_1.nptr, T.nptr)$$
$$E \to E_1 - T \qquad E.nptr := mkNode(`-', E_1.nptr, T.nptr)$$
$$E \to T \qquad\quad E.nptr := T.nptr$$
$$T \to (E) \qquad\quad T.nptr := E.nptr$$
$$T \to id \qquad\quad T.nptr := mkleaf(id, id.entry)$$
$$T \to num \qquad T.nptr := mkleaf(num, num.val)$$

(2) 按照下述翻译模式,构造该表达式的抽象语法树。

$E \rightarrow T$ $\{R.i := T.nptr\}$

      R $\{E.nptr := R.s\}$

$R \rightarrow$ addop

      T $\{R_1.i := mknode(addop.lexme, R.i, T.nptr)\}$

      R_1 $\{R.s := R1.s\}$

$R \rightarrow \varepsilon$ $\{R.s := R.i\}$

$T \rightarrow ($

      E

      $)$ $\{T.nptr := E.nptr\}$

$T \rightarrow$ id $\{T.nptr := mkleaf(id, id.entry)\}$

$T \rightarrow$ num $\{T.nptr := mkleaf(num, num.val)\}$

4. 下列文法由开始符号 S 产生一个二进制数,令综合属性 val 给出该数的值:

$S \rightarrow L.L \mid L$

$L \rightarrow LB \mid B$

$B \rightarrow 0 \mid 1$

试设计求 S.val 的属性文法,其中,已知 B 的综合属性 c,给出由 B 产生的二进位的结果值。例如,输入 101.101 时,S.val=5.625,其中第一个二进位的值是 4,最后一个二进位的值是 0.125。

5. 对于下述属性文法:

$S \rightarrow E$ S.val = E.val

$E \rightarrow E_1 + T$ E.val = E_1.val + T.val

$E \rightarrow T$ E.val = T.val

$T \rightarrow T_1 * F$ T.val = T_1.val * F.val

$T \rightarrow F$ T.val = F.val

$F \rightarrow$ num   F.val = num.val

(1) 属性 val 是综合还是继承属性?

(2) 利用该属性文法进行翻译,采用哪种翻译方法(在自上而下语法分析过程中进行语义分析,在自下而上语法分析过程中进行语义分析)最合适?请说明原因。

(3) 按照选定的方法,对输入串 2*8+5 进行翻译,最后 S.val 的值是什么?

【课后作业参考答案】

一、选择题

1. A   2. A   3. C   4. B   5. A   6. D

二、简答题

1. 基于属性文法的语义处理方法包括三种：构造依赖图、树遍历和一遍扫描的方法。其中，构造依赖图的方法需要先完成语法分析，产生语法分析树，然后构造属性间的依赖关系，得到依赖关系图，然后进行拓扑排序，得到属性的计算次序；树遍历的方法也是需要先完成语法分析，产生语法分析树，然后通过对语法树进行遍历，直到所有属性都计算出来为止；一遍扫描的方法是在语法分析的同时能够完成属性处理，这就对属性文法提出了较高的要求。

2. 依赖图是在语法分析树的基础上构造的有向图，每个文法符号的属性或动作被设定为依赖图的结点，若属性 c 依赖于属性 b，则从属性 c 的结点有一条有向边连接到属性 b 的结点，这个有向图就称为依赖图。

采用依赖图的方法进行语义处理时，首先要构造出语法树，并构造出依赖图，然后对依赖图进行拓扑排序，按照排序的顺序进行语义处理。

3. S—属性文法是只含综合属性的属性文法。

L 属性文法中的任意产生式 $A \rightarrow X_1 X_2 \cdots X_n$，其每个语义规则中的属性或者是综合属性，或者 X_j 是一个继承属性，且仅依赖于：

(1) $X_1 X_2 \cdots X_{j-1}$；

(2) A 的继承属性。

4. 翻译模式建立的规则为：

(1) 产生式右边的符号的继承属性必须在这个符号以前的动作中计算出来；

(2) 一个动作不能引用这个动作右边符号的综合属性；

(3) 产生式左边非终结符的综合属性只能在它所引用的所有属性都计算出来以后才能计算。通常这类动作可放在产生式右端的末尾。

三、综合题

1.（1）属性文法中需要为每条产生式的左部符号的综合属性和右部符号的继承属性提供计算规则。

（2）根据上述规则，可以判定该属性文法中的综合属性包括 b、d、f、g。

2. 带注释的语法树如图 6.7 所示。

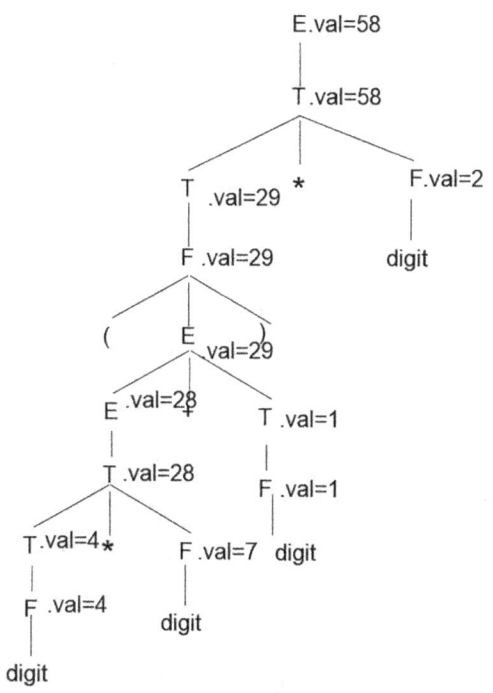

图 6.7　带注释的语法树

3. (1) (1)题的抽象语法树如图 6.8 所示。

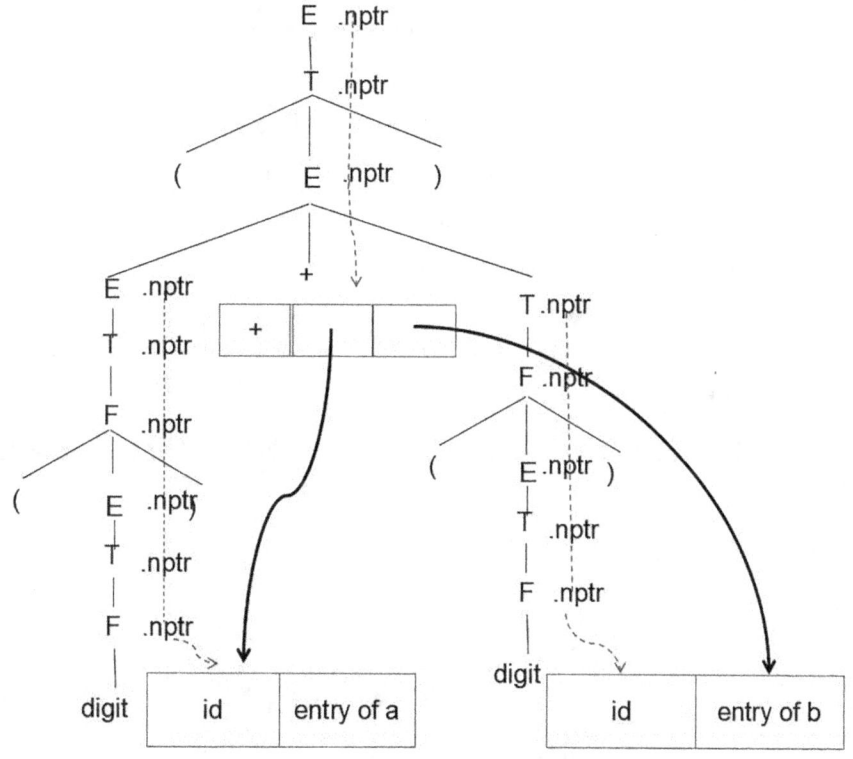

图 6.8　(1)题的抽象语法树

(2) (2)题的抽象语法树如图6.9所示。

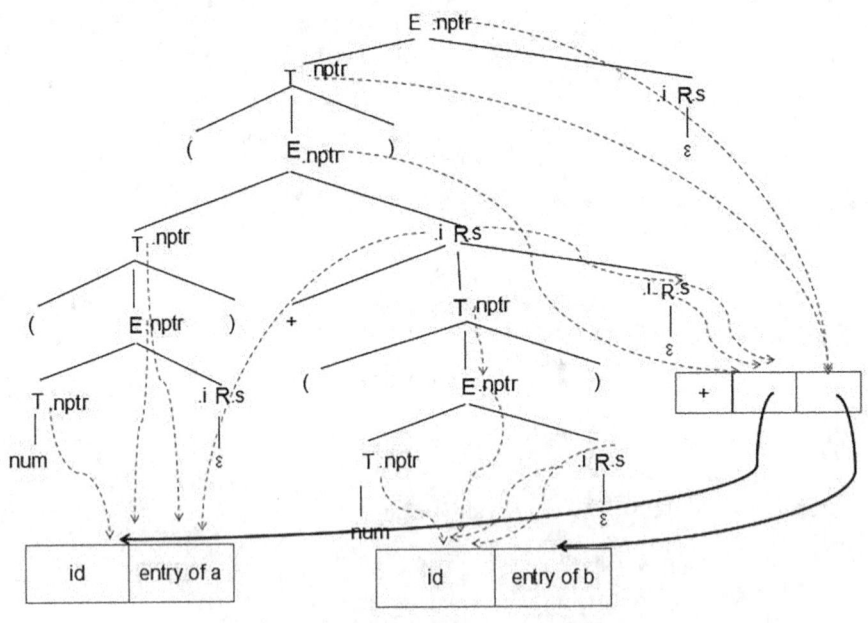

图6.9 (2)题的抽象语法树

4. 本题的关键是要处理小数点前后的二进制数要采用不同的计算方式,为此,用width属性记录下二进制的位。

$S \to L_1.L_2$ $S.val = L_1.val + L_2.val * 2^{(-L_2.width)}$

$S \to L$ $S.val = L.val$

$L \to L_1 B$ $L.val = L_1.val * 2 + B.c$

     $L.width = L_1.width + 1$

$L \to B$ $L.val = B.c$

     $L.width = 1$

$B \to 0$ $B.c = 0$

$B \to 1$ $B.c = 1$

5. (1) 综合属性。

(2) 第二种方法(在自下而上语法分析过程中进行语义分析),因为这是一个S-属性文法。

(3) 21。

第7章 语义分析和中间代码产生

【本章概述】

语义分析和中间代码产生紧接在词法分析和语法分析之后,是编译过程的第三个阶段,要做的工作是进行静态语义检查和翻译。一般情况下,在词法分析程序和语法分析程序对源程序的语法结构进行分析之后,要么,由语法分析程序直接调用相应的语义子程序进行语义处理;要么,首先生成语法树或该结构的某种表示,再进行语义处理。虽然源程序可以直接翻译为目标语言代码,但是许多编译程序采用独立于机器的、复杂性介于源语言和目标语言之间的中间语言。本章首先介绍三种中间语言的形式,然后分别介绍说明语句、赋值语句和算术表达式、布尔表达式和控制流语句的翻译。

【总学时】

8学时。

【支撑的课程目标和毕业要求】

本单元各知识点的讲授和学习,可以重点支撑"课程目标2.培养学生选择适当的模型,以形式化的方法去描述语言及其翻译子系统,提升学生的系统设计与实现能力""课程目标3.强化学生数字化、算法、模块化等专业核心意识,掌握自顶向下、自底向上、递归求解、模块化等典型方法,培养其包括功能划分、多模块协调、形式化描述、程序实现等在内的复杂系统设计实现能力""课程目标4.使学生理解词法分析、语法分析、语义分析等各阶段的模块设计方法,引导学生分析这些复杂工程问题的解决方案"和"课程目标5.分析编译系统设计和实现中的相关问题,特别是构建一个较为复杂的软件系统时,对系统设计和实现相关问题进行分析,同时展开相应的实验,对实验结果进行分析和总结",也即毕业要求指标点2.1、3.1、4.1和4.3。使学生掌握如何用属性文法描述语义规则,并将它们用于系统的设计与实现能力的培养;另外,使学生掌握各类语法结构的翻译过程,能够将专业知识用于解决计算机领域复杂工程问题。

本单元教学采用问题导入和步步引导的教学方法,降低学习算法的难度,激发学生的学习兴趣。通过课堂讨论及课后作业,培养学生依据所学知识进行问题求解,达到课程目标的要求。

7.1 中间语言

【学时】

40分钟。

【教学内容】

语义分析和中间代码产生的工作内容;静态语义检查的内容;中间语言的定义;采用中间语言的好处;几种常见的中间语言形式。

【教学重点】

三地址代码的三种存储方式。

【教学难点】

三地址代码的三种存储方式。

【教学目的与要求】

(1) 掌握语义分析和中间代码产生的工作内容。

(2) 了解静态语义检查的内容。

(3) 了解中间语言的几种形式。

(4) 掌握三地址代码的三种存储方式。

【学情分析】

(1) 学生已经学习了数据结构课程中线性表的顺序存储,在理解三地址代码的三种存储方式时,应该没有什么困难。

(2) 学生已经学习了属性文法及其语法制导翻译方法,具备理解本小节中产生中间代码的属性文法和翻译过程的理论基础。

【预习安排】

在编译程序的设计中,通过引入中间语言,将编译程序划分成前端和后端,就是一种典型的分解问题的思路。请结合编译程序引入中间语言带来的优势,以及你的学习和工作经验,谈谈你对运用问题分解这种思维方法进行问题求解的理解和感受。

【教学实施建议】

(1) 首先引导学生回忆语法分析器的功能,进而介绍语义分析和中间代码产生的工作内容。

(2) 根据预习内容,安排课堂讨论,分析编译程序引入中间语言带来的优势。

(3) 介绍后缀式及产生后缀式的属性文法。

(4) 介绍图形表示法中的抽象语法树和有向无环图(DAG)及相应的属性文法。

(5) 介绍三地址代码的一般形式和几种常见的形式。

(6) 介绍三地址代码的三种实现方式:四元式、三元式和间接三元式。

【课堂互动】

(1) 讨论编译程序中引入中间语言带来的优势。

(2) 比较三地址代码的三种实现方式。

【典型例题】

例 1 (a+b)/(c−d)对应的逆波兰式(后缀式)是(   )。

A. abcd−/+   B. ab+cd−/
C. abcd+/−   D. ab+cd/−

答案:B。

解析:表达式 E 的后缀式定义如下:

(1) 若 E 是一个变量或常量,则 E 的后缀式是 E 自身。

(2) 若 E 是 E_1 op E_2 形式的表达式,这里 op 是任何一个二元操作符,则 E 的后缀式为 $E_1' E_2'$ op,这里 E_1' 和 E_2' 分别是 E_1 和 E_2 的后缀式。

(3) 若 E 是(E_1)形式的表达式,则 E_1 的后缀式就是 E 的后缀式。

根据运算量和算符出现的先后位置,以及每个算符的目数,就完全决定了一个表达式的分解。

例 2 根据下述产生后缀式的属性文法,如表 7.1 所示。给出输入串 a*(b+c)的翻译过程,并用带注释的语法分析树表示。

表 7.1 产生后缀式的属性文法

产生式	语义规则
E→E_1 OP E_2	E.code := E_1.code || E_2.code || op
E→(E_1)	E.code := E_1.code
E→id	E.code := id

答案:如图 7.1 所示。

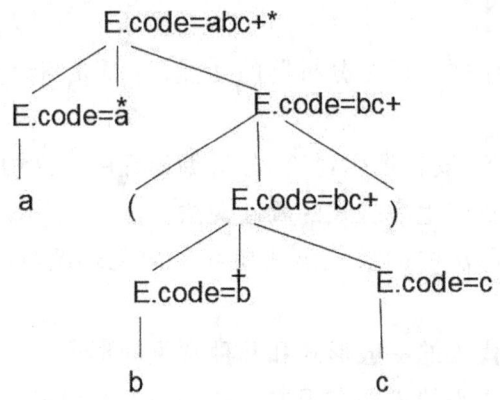

图 7.1　a*(b+c)的带注释的语法树

解析：根据第 6 章的属性文法概念，该文法是 S-属性文法，需要采用自下而上语法分析，将自下而上语法分析过程中，归约时执行所用产生式对应的语义规则，将该过程表示在语法树上即可。

例 3　给出表达式 a:=b*-c+b*-c 的两种图表示法（抽象语法树和 DAG）。

答案：如图 7.2 所示。注：uminus 代表"-"。

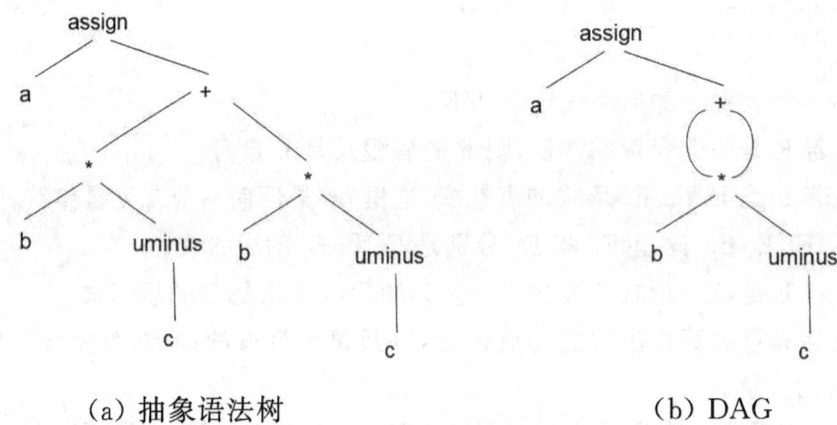

（a）抽象语法树　　　　　　　　　　　　（b）DAG

图 7.2　a:=b*-c+b*-c 的抽象语法树和 DAG

解析：抽象语法树和 DAG 对表达式中的每个子表达式都有一个结点，一个内部结点代表一个操作符，它的孩子代表操作数，两者不同的是，DAG 中代表公共子表达式的结点具有多个父结点，而在一个抽象语法树中公共子表达式被表示为重复的子树。

例 4　分别给出表达式 a:=b*-c+b*-c 的四元式、三元式和间接三元式表示。

答案：如图 7.3 所示。

第7章 语义分析和中间代码产生

	op	arg1	arg2	result
(0)	uminus	c		T_1
(1)	*	b	T_1	T_2
(2)	uminus	c		T_3
(3)	*	b	T_3	T_4
(4)	+	T_2	T_4	T_5
(5)	:=	T_5		a

(a) 四元式

	op	arg1	arg2
(0)	uminus	c	
(1)	*	b	(0)
(2)	uminus	c	
(3)	*	b	(2)
(4)	+	(1)	(3)
(5)	assign	a	(4)

(b) 三元式

间接三元式

间接码表
（0）
（1）
（0）
（1）
（2）
（3）

三元式			
	op	arg1	arg2
(0)	uminus	c	
(1)	*	b	(0)
(2)	+	(1)	(1)
(3)	assign	a	(4)

（C）间接三元式

图 7.3 表达式 a:=b*-c+b*-c 的四元式、三元式和间接三元式表示

解析：四元式是一个包含四个域的记录结构，这四个域分别是 op、arg1、arg2、result，op 包含一个代表运算符的内部码，arg1、arg2、result 代表操作数和结果的指针，该指针指向有关名字的符号表入口；由于采用四元式时需要把临时变量名填入符号表，因此用计算这个临时变量值的语句位置来引用临时变量，这样表示三地址代码的记录只需要三个域 op、arg1、arg2，运算符 op 的两个操作数 arg1、arg2，或者指向符号表的指针（对程序中定义的名字或常量而言），或者指向三元式表的指针（对于临时变量而言）；为了便于代码优化处理，有时不直接使用三元式表，而是另设一张指示器（称为间接码表），它按运算的先后顺序列出有关三元式在三元式表中的位置，因此这种方式下，相同的三元式无须重复填入三元式表中。

例4 下列_____、_____中间代码形式有益于优化处理。
A. 四元式、间接三元式 B. 三元式、间接三元式
C. 二元式、间接三元式 D. 四元式、三元式
答案：A。
解析：四元式之间的联系通过临时变量实现，这一点和三元式不同，要更动一张三元式表很困难的，它意味着必须改变其中一系列指示器的值。但要更动四元式表是很容易的，因为调整四元式之间的相对位置并不意味着必须改变其中一

系列指示器的值。因此,当需要对中间代码处理时,四元式比三元式要方便得多。对优化这一点而言,四元式和间接三元式同样方便。

7.2 说明语句

【学时】

　　45 分钟。

【教学内容】

　　过程中说明语句的翻译;含有嵌套结构的说明语句翻译。

【教学重点】

　　含有嵌套结构的说明语句翻译。

【教学难点】

　　含有嵌套结构的说明语句翻译。

【教学目的与要求】

　　(1) 理解过程中产生说明语句的属性文法。
　　(2) 掌握过程中说明语句的翻译。
　　(3) 理解产生嵌套说明语句的翻译模式。
　　(4) 掌握嵌套说明语句的翻译方法。
　　(5) 理解编译程序在对说明语句翻译时所做的工作有哪些,并通过嵌套说明语句翻译过程中对符号表的组织方式,理解程序中如何区分变量的作用域。

【学情分析】

　　(1) 学生在第 3 章已经知道需要把识别出来的单词符号存放到符号表中,在第 4 章和第 5 章掌握了自上而下和自下而上两种语法分析方法,在第 6 章掌握了如何利用属性文法,采用语法制导翻译方法进行语义分析。
　　(2) 本小节内容是学生第一次接触具体语法单位的翻译,需要更多的引导、讲解和互动。
　　(3) 学生都使用过编译器对程序进行编译,也都遇到过各种语法错误,可以利用这些语法错误引导学生理解本小节内容。

【预习安排】

　　预习过程中说明语句属性文法中出现的变量名 offset 和属性 name、val、

type、width 的含义、函数 enter(name, type, offset)的作用。

【教学实施建议】

(1) 首先引导学生回答程序中变量定义的作用,以及在编译过程中出现的和说明语句相关的编译问题。

(2) 就预习内容,给出一条简单的说明语句,让学生采用第 6 章的方法,讨论利用产生过程中说明语句的属性文法主要完成的任务是什么。

(3) 根据学生的反馈情况,通过示例介绍产生过程中说明语句属性文法中描述的语法结构和语义规则。

(4) 让学生思考程序中不同范围的变量为何会作用域不同,从而引出含嵌套说明语句的翻译。

(5) 针对含嵌套说明语句的属性文法,先介绍其描述语法的上下文无关文法部分,然后通过例子介绍每条语义规则的含义。

【课堂互动】

(1) 就预习内容,给出一条简单的说明语句,让学生采用第 6 章的方法,讨论利用产生过程中说明语句的属性文法主要完成的任务是什么。

(2) 在介绍每个示例说明语句翻译时,可由教师先介绍前面几个步骤,后面的步骤由学生完成。

(3) 注意和语言编程课进行结合,让学生对说明语句的翻译建立更具体的认识。

【典型例题】

例 1 过程中说明语句的翻译:

P→MD

M→ε   {offset:=0}

D→D;D

D→id:T   {enter(id. name, T. type, offset);

                              offset:=offset+T. width}

T→integer   {T. type:=integer;

                              T. width:=4}

T→real   {T. type:=real;

                              T. width:=8}

T→array [num] of T_1 {T. type:=array(num. val, T_1. type);

                              T. width:=num. val * T_1. width}

T→↑T_1 {T. type:=pointer(T_1. type);

                              T. width:=4}

现有如下说明语句：

a:real；

b:array [4] of integer

画出带注释的语法分析树，进行翻译，理解语义规则。

答案：带注释的语法树如图 7.4 所示。

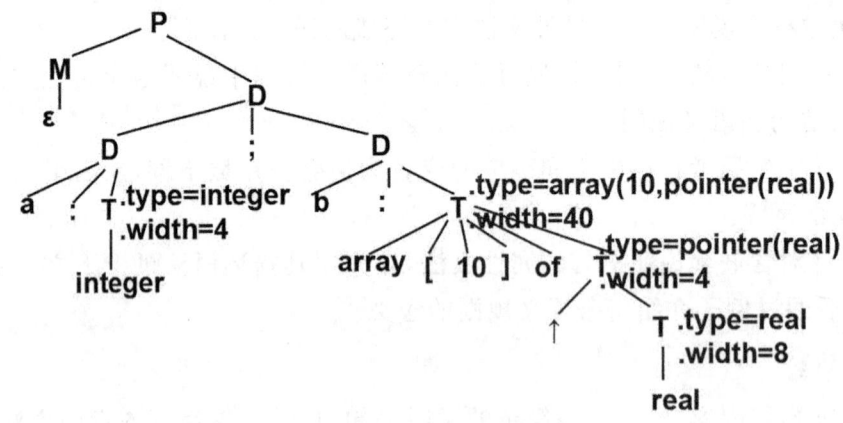

图 7.4 例 1 中带注释的语法树

翻译后符号表的内容如表 7.2 所示。

表 7.2 符号表内容

name	type	offset
a	integer	0
b	array(10,pointer(real))	4

翻译模式作用：在该翻译模式中，非终结符 P 产生一系列形如 id:T 的说明语句。在处理第一条说明语句之前，先置 offset 为 0，以后每遇到一个新的名字，便将该名字填入符号表中并置相对地址为当前 offset 之值，然后使 offset 加上该名字所表示的数据对象的域宽。

解析：根据第 6 章介绍的方法来理解一个属性文法：理解语法结构，画出语法树→分析属性，确定翻译方法→在语法树上按确定方法进行分析→分析结果→理解语义规则→给出句子，写出翻译结果。

例 2 处理嵌套过程中的说明语句翻译模式如下：

P→MD   {addwidth(top(tblptr),top(offset));
                 pop(tblptr); pop(offset)}

M→ε   {t=mktable(nil); push(t, tblptr); push(0,offset)}

D→D_1；D_2

D→proc id；ND_1；S   {t=top(tblptr);

	addwidth(t, top(offset)); pop(tblptr); pop(offset);
	enterproc(top(tblptr), id.name, t)}
D→id:T	{enter(top(tblptr), id.name, T.type, top(offset));
	top(offset)=top(offset)+T.width}
N→ε	{t=mktable(top(tblptr)); push(t,tblptr); push(0,offset)}

现有程序段：

```
1   program sort(input, output)
2     var a: array[0..10] of integer;
3         x: integer;
4     procedure readarray;
5       var i: integer;
6       begin…a…end {readarray}
7     procedure exchange(i,j: integer);
8       begin
9         x:= a[i]; a[i]:=a[j]; a[i]:=x;
10      end {exchange};
11    procedure quicksort(m, n: integer);
12      var k,v: integer;
13      function partition(y, z: integer):integer;
14        var i,j: integer;
15        begin
16          …a…
17          …v…
18          …exchange(i,j);…
19        end {partition};
20      begin…end {quicksort};
21  begin…end {sort}.
```

根据处理嵌套过程中的说明语句翻译模式，请给出上述程序段中对说明语句的翻译结果。

答案：上述程序段中的说明语句翻译之后，符号表的状态如图 7.5 所示。

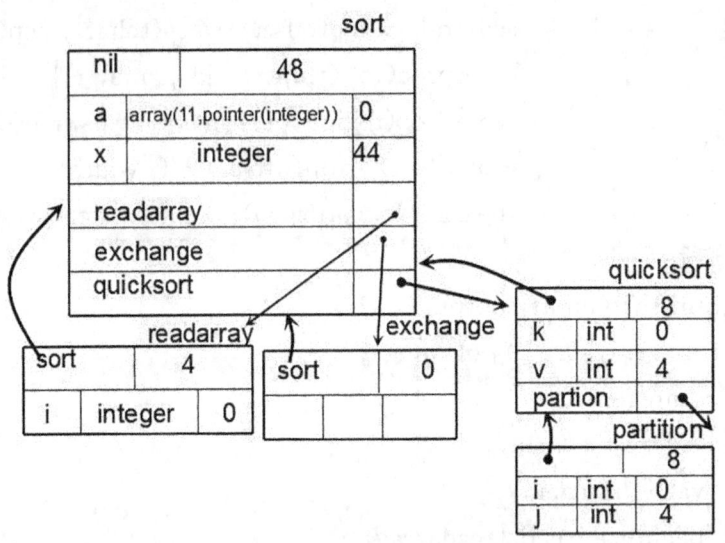

图 7.5 例 2 示例的符号表

解析:翻译模式中 M 的语义动作把栈 tblptr 初始化为仅含指向最外层作用域的符号表的指针,由模块 table(nil)创建初始符号表,并把符号表的指针返回给 t;同时还把相对地址 0 压入栈 offset 中。当出现一个过程说明时,非终结符起着类似的作用。它的语义动作使用 mktable(top(tblptr))来创建一个新的符号表。这里参数 top(tblptr)为指向刚好包围此嵌入过程的外围过程符号表的指针。把指向新表的指针压入栈 tblptr 的栈顶,同样把相对地址 0 压入 offset 栈顶。每遇到一个变量说明 id:T,就把 id 填入到当前的符号表中。这时栈 tblptr 保持不变,而栈 offset 的栈顶增加 T.width。当开始执行产生式 D→proc id;ND_1;S 右边的语义动作时,由 D_1 产生的所有名字占用的总宽度便是 offset 的栈顶值,它由过程 addwidth 记录下来;同时,栈 tblptr 及 offset 的栈顶值被弹出,返回到外层过程中的说明语句继续处理,并在此时把过程名字 id 填入到其外围过程的符号表中。

7.3 赋值语句的翻译

【学时】

90 分钟。

【教学内容】

简单算术表达式及赋值语句的翻译模式及其翻译过程;含数组元素的算术表达式及赋值语句的翻译模式及其翻译过程。

第 7 章 语义分析和中间代码产生

【教学重点】

含数组元素的算术表达式及赋值语句的翻译模式及其翻译过程。

【教学难点】

含数组元素的算术表达式及赋值语句的翻译模式及其翻译过程。

【教学目的与要求】

(1) 理解简单算术表达式及赋值语句的翻译模式。

(2) 熟练掌握简单算术表达式及赋值语句的翻译过程。

(3) 理解含数组元素的算术表达式及赋值语句的翻译模式。

(4) 掌握含数组元素的算术表达式及赋值语句的翻译过程。

(5) 理解说明语句和算术表达式翻译的结合。

【学情分析】

(1) 学生在第 3 章已经知道需要把识别出来的单词符号存放到符号表中,在第 4 章和第 5 章掌握了自上而下和自下而上两种语法分析方法,在第 6 章掌握了如何利用属性文法,采用语法制导翻译方法进行语义分析。

(2) 学生已经学过了说明语句的翻译模式和翻译方法,知道了如何利用第 6 章知识解决分析具体语言单位的翻译。

(3) 学生已经学过了中间语言的三地址代码表示及其四元式实现,具备理解本节介绍的翻译模式的理论基础。

(4) 简单赋值语句和算术表达式的翻译过程符合学生认知,学生应能较好掌握。

(5) 函数数组元素的赋值语句和算术表示翻译过程中,数组元素的翻译对学生来说较为复杂,要注意学生课堂反馈。

【预习安排】

(1) 预习简单算术表达式和赋值语句的翻译模式,理解其语法结构和语义规则的含义。

(2) 预习数组元素的地址计算公式。

【教学实施建议】

(1) 就预习内容,给出一条包含简单算术表达式的赋值语句,让学生根据对翻译模式的理解,写出翻译后产生的三地址代码序列。

(2) 根据学生的反馈情况,带领学生分析翻译模式中的语法结构描述和每条语义规则的含义,其中要注意介绍 emit( ) 函数的作用,并重点介绍 lookup( ) 函数的作用。

(3)给出一个同时包含说明语句和赋值语句的程序段,让学生写出其翻译结果。

(4)根据学生的反馈情况,介绍这两种语法单位是如何通过 lookup( )函数建立起连接的。

(5)就预习内容,介绍数组元素的地址计算公式,给出该公式中和元素下标有关的部分是如何计算的,并通过一个具体例子介绍计算方法。

(6)介绍包含数组元素的赋值语句翻译模式中的语法结构部分:

(1)S→L:=E   (5)L→Elist]
(2)E→E+E   (6)L→id
(3)E→(E)   (7)Elist→Elist,E
(4)E→L   (8)Elist→id[E

重点强调 L 表示数组元素时,结合地址计算公式,介绍为何将数组名和数组的下标用一个非终结符号 Elist 表示,而不是将数组名和下标部分用两个不同的非终结符表示。

(7)举例介绍包含数组元素的赋值语句是如何翻译的。

【课堂互动】

(1)就包含简单算术表达式的赋值语句进行课堂讨论,写出翻译后产生的三地址代码序列。

(2)在介绍数组元素的地址计算公式时,引导学生给出公式的一般方法。

(3)就数组元素的语法表示进行课堂讨论,分析这样设计的好处是什么。

【典型例题】

例 1 简单赋值语句的翻译模式如下,其中 E.place 代表值 E 在符号表中的位置,函数 lookup(id.name)返回指向 id 的指针。

(1) $E \rightarrow E_1 + E_2$
$\quad$ {E.place:= newtemp;
$\quad\quad$ emit(E.place':='E_1.place'+'E_2.place)}

(2) $E \rightarrow -E_1$
$\quad$ { E.place:=newtemp;
$\quad\quad$ emit(E.place':=' 'uminus' E_1.place)}

(3) $E \rightarrow (E_1)$
$\quad$ { E.place:= E_1.place}

(4) $E \rightarrow id$
$\quad$ {E.place:=newtemp;
$\quad\quad$ P:=lookup(id.name);

if P!=nil then E.place:=P
else error}

给出 d:=a*(b+c)的翻译结果。

答案：输出的三地址代码为：

    T1:=b+c
    T2:=a*T1
    d:=T2

解析：根据翻译模式，并采用自下而上翻译方法，画出的带注释语法树如图7.6所示。

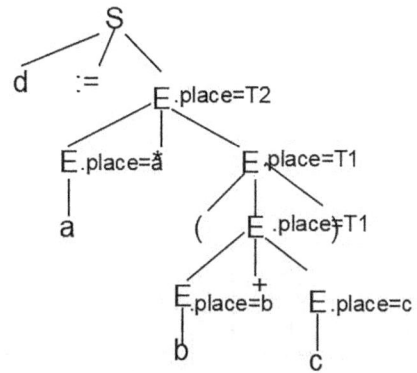

图 7.6 d:=a*(b+c)的带注释的语法树

其中，在相应结点处完成了归约操作，同时执行相应的语义规则，其中 emit()函数的作用就是输出一条三地址代码，具体栈的变换过程如下：

已归约串	PLACE	输入串	语义动作
♯		X:=-B*(C+D)♯	
♯X	X	:=-B*(C+D)♯	
♯X:=	X_	-B*(C+D)♯	
♯X:=-	X__	B*(C+D)♯	
♯X:=-B	X__B	*(C+D)♯	
♯X:=-E	X__B	*(C+D)♯	{E.place:=p}
♯X:=E	X_T1	*(C+D)♯	{E.place:=newtemp}
♯X:=E*	X_T1_	(C+D)♯	
♯X:=E*(	X_T1__	C+D)♯	
♯X:=E*(C	X_T1__C	+D)♯	
♯X:=E*(E	X_T1__C	+D)♯	{E.place:=p}
♯X:=E*(E+	X_T1__C_	D)♯	

已归约串	PLACE	输入串	语义动作
♯X:=E*(E+D	X_T1__C_D	)♯	
♯X:=E*(E+E	X_T1__C_D	)♯	{E.place:=p}
♯X:=E*(E	X_T1__T2	)♯	{E.place:=newtemp}
♯X:=E*(E)	X_T1__T2_	♯	
♯X:=E*E	X_T1_T2	♯	
♯X:=E	X_T3	♯	{E.place:=newtemp}
♯S		♯	

例 2 写出下列代码段中表达式的翻译制导过程所产生的四元式和符号表变化。

```
begin
    B,C,D,X :Integer;
    X:=-B*(C+D);
end
```

答案：　　符号表　　　　　　　　　　　　四元式表

	name	type	offset
<B>	B	int	0
<C>	C	int	4
<D>	D	int	8
<X>	X	int	12

	Op	arg1	arg2	result
(1)	−	<B>		T1
(2)	+	<C>	<D>	T2
(3)	*	T1	T2	T3
(4)	:=	T3	−	X

解析：程序段中说明语句翻译是将定义的变量的名称、类型及其在数据区的相对地址填入到符号表中，赋值语句的翻译是根据翻译模式定义的计算规则产生三地址代码序列，具体可通过画出语法树或写出语法制导翻译过程来获得。

例 3 含有数组元素的赋值语句翻译模式如下：

S→L:=E {if L.offset=null then
　　　　emit(L.place′:=′ E.place)
　　　else emit(L.place′[′L.offset′]″:=′E.place);}

E→E_1+E_2{E.place:=newtemp;
　　　　emit(E.place′:=′E1.place′:=′E2.place)}

E→(E_1){E.place:=E1.place}

E→L　　{if L.offset=null then
　　　　emit(E.place′:=′T.place)
　　　else begin
　　　　　E.place:=newtemp;

emit(E. place′:=′L. place′[′L. offset′]′)
end
}

L→Elist]　　{L. place:=newtemp;
　　　　　　　emit(L. place′:=′Elist. array′−′C);
　　　　　　　L. offset:=newtemp;
　　　　　　　emit(L. offset′:=′w′*′Elist. place)}

L→id　　　　{L. place:=id. place;
　　　　　　　L. offset:=null}

Elist→ Elist1,E{t:=newtemp;
　　　　　　　m:=Elist1. ndim+1;
　　　　　　　emit(t′:=′Elist1. place′*′limit(Elist1. array,m));
　　　　　　　emit(t′:=′t′+′E. place);
　　　　　　　Elist. array:=Elist1. array;
　　　　　　　Elist. place:=t;
　　　　　　　Elist. ndim:=m}

Elist→id[E　　{Elist. place:=E. place;
　　　　　　　E. ndim:=1;
　　　　　　　Elist. array:=id. place}

已知 A 为 10×20 的数组,即 $n_1=10, n_2=20$,设 $w=4$,假设有赋值语句 x:=A[y,z],请给出该数组的翻译结果。

答案:输出的三地址代码如下:
(1) T1:=y*20
(2) T1:=T1+z
(3) T2:=A−84
(4) T3:=4*T1
(5) T4:=T2[T3]
(6) x:=T4

解析:翻译过程产生的带注释语法树如图 7.7 所示。其中,在相应结点处完成了归约操作,同时执行相应的语义规则,其中 emit() 函数的作用就是输出一条三地址代码。属性文法中,各属性的含义如下:

E. place—存放 E 的名字/值。

L. offset—当 L 仅为简单名字时,则属性值为 null;当属性值≠null 时,则 L 为数组元素引用,用于存放临时变量的值(常量部分的值)。

L.place—当 L 为简单名字(L.offset=null)时,则指向符号表中相应此名字表项的指针,即此名字的符号表入口;若 L 为数组引用(L.offset≠null),则 L.place 存放临时变量的值(常量部分的值)。

Elist.array—用来记录指向符号表中相应数组名字表项的指针,即数组变量的入口。

Elist.place—表示临时变量,用来临时存放由 Elist 中的下标表达式计算出的值。

Elist.ndim—记录 Elist 中的下标表达式的个数,即维数。

Limit(array,j)—返回 n_j,即由 array 所指示的数组的第 j 维长度。

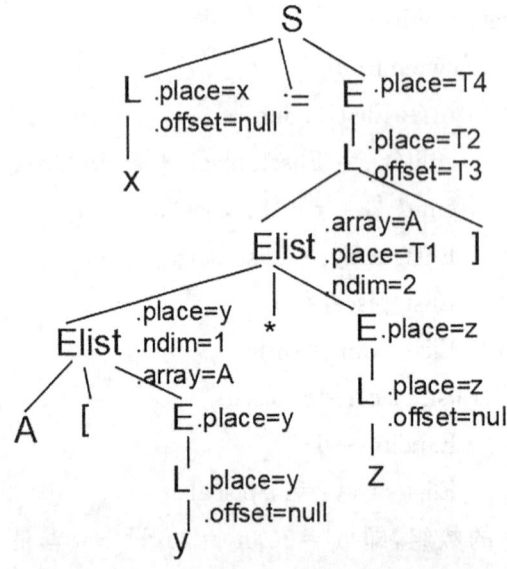

图 7.7　x:=A[y,z]的带注释语法树

7.4　布尔表达式的翻译

【学时】

90 分钟。

【教学内容】

数值表示法的布尔表达式翻译;作为条件控制的布尔表达式翻译。

【教学重点】

作为条件控制的布尔表达式翻译。

【教学难点】

标号回填技术。

【教学目的与要求】

(1) 了解数值表示法的布尔表达式翻译。

(2) 理解产生布尔表达式三地址代码的语义规则。

(3) 掌握利用自上而下翻译对作为条件控制的布尔表达式属性文法进行翻译。

(4) 理解将作为条件控制的布尔表达式属性文法转换成翻译模式的方法。

(5) 理解利用回填技术进行标号回填的方法。

(6) 掌握根据作为条件控制的布尔表达式翻译模式对布尔表达式进行翻译的方法。

【学情分析】

(1) 学生已经学过算术表达式的翻译,本节数值表示法的布尔表达式翻译学生通过预习即可掌握。

(2) 在前面学习说明语句和赋值语句翻译过程中,翻译模式的语义动作都在产生式的最后放置,因此采用自下而上方法进行翻译。而本小节产生布尔表达式三地址代码的属性文法是 L-属性文法,需要采用自上而下方法进行翻译。尽管学生在第 6 章已经学过这种翻译方法,但是这是第一次用这种方法解决程序具体语法结构的翻译,因而需要加强对学生的引导和帮助。

(3) 学生第一次接触到回填技术的思想,因而理解起来可能会有些难度,要注意通过例子加强学生理解。

【预习安排】

(1) 预习数值表示法的布尔表达式翻译,要求能够给出布尔表达式 a or b and c 的翻译结果。

(2) 预习作为条件控制的布尔表达式翻译模式中几个变量和函数的含义,包括变量 nextquad、函数 makelist(i)、merge(p1,p2)、过程 backpatch(p,t)。

【教学实施建议】

(1) 介绍布尔表达式的组成和形式,包括布尔运算符号(and、or、not 三种运算)、布尔变量和关系表达式(E_1 relop E_2)。

(2) 针对数值表示法的布尔表达式翻译的预习内容进行验收,检查学生的完成情况,根据学生反馈选择是否精讲该部分内容,并着重强调关系表达式的翻译。

(3) 介绍转移语句形式三地址代码的四元式表示。

(4) 介绍回填技术。

(5) 介绍作为条件控制的布尔表达式翻译模式及其翻译过程。

(6) 总结两种情况下布尔表达式的翻译。

【课堂互动】

(1) 针对数值表示法的布尔表达式翻译的预习内容,让学生结合布尔表达式翻译的思想,谈下布尔表达式的翻译思路。

(2) 关于回填技术,教师介绍 and 运算时对上下文无关文法的修改和相关的语义处理后,由学生讨论 or 运算的解决方法。

(3) 介绍完作为条件控制的布尔表达式翻译后,给出输入串,由学生给出翻译结果。

【典型例题】

例1 关于布尔表达式数值表示法的翻译模式如下:

$E \rightarrow E_1$ or E_2 {E.place:=newtemp;
emit(E.place':='E_1.place'or'E_2.place)}

$E \rightarrow E_1$ and E_2 {E.place:=newtemp;
emit(E.place':='E_1.place'and'E_2.place)}

$E \rightarrow$ not E_1 {E.place:=newtemp;
emit(E.place':=''not'E_1.place)}

$E \rightarrow (E_1)$ {E.place:=E_1.place}

$E \rightarrow id_1$ relop id_2 {E.place:=newtemp;
emit('if'id_1.place relop.op
id_2.place'goto'nextstat+3);
emit(E.place':=''0');
emit('goto'nextstat+2);
emit(E.place':='' 1');

$E \rightarrow id$ {E.place:=id.place}

其中,emit(——)过程将产生的三地址代码送到输出文件中;nextstat 变量给出输出序列中下一条三地址语句的地址索引,每产生一条三地址语句后,过程 emit 将 nextstat 加 1。

假设语句标号从 100 开始,请给出 a<b or c<d and e<f 的翻译结果。

答案: 100: if a<b goto 103
101: T1:=0

102：goto 104
103：T1:=1
104：if c<d goto 107
105：T2:=0
106：goto 108
107：T2:=1
108：if e<f goto 111
109：T3:=0
110：goto 112
111：T3:=1
112：T4:=T2 and T3
113：T5:=T1 or T4

解析：每个关系表达式翻译需要产生四条三地址代码，其中包含两条转移语句和两条为同一个临时变量进行赋值的赋值语句，每一个布尔运算需要产生一个临时变量，并输出一条赋值语句。

例2 if a goto p 的四元式形式为_____，if x rop y goto p 的四元式形式为_____，goto p 的四元式形式为_____。

答案：(jnz,a,—,p),(jrop,x,y,p), (j,—,—,p)

例3 条件控制布尔表达式的翻译模式如下：

E→E_1 or ME_2 { backpatch(E_1.falselist, M.quad)
　　　　　　　　　E.truelist:=merge(E_1.truelist,E_2.truelsit)
　　　　　　　　　E.falselist:=E_2.falselist }

E→E_1 and ME_2 { backpatch(E_1.truelist, M.quad)
　　　　　　　　　E.truelist:=E_2.truelsit
　　　　　　　　　E.falselist:=merge(E_1.falselist,E_2.falselist)}

E→not E_1　　　　　{E.truelist:=E_1.falselist
　　　　　　　　　　　E.falselist:=E_1.truelist}

E→(E_1)　　　　　　{ E.truelist:=E_1.truelist
　　　　　　　　　　　E.falselist:=E_1.falselist}

M→ε　　　　　　　　{ M.quad:=nextquad}

E→id_1 relop id_2　　{E.truelist:=makelist(nextquad);
　　　　　　　　　　　E.falselist:=makelist(nextquad+1);
　　　　　　　　　　　emit('j' relop.op ',' id1.place ',' id2.place ',''0')
　　　　　　　　　　　truelist:=makelist(nextquad)}

E→id   {E.truelist:=makelist(nextquad);
              E.falselist:=makelist(nextquad+1);
              emit('jnz'',' id.place ',' '−'',''0');
              emit('j,−,−,0') }

其中：

变量 nextquad—指向下一条将要产生但尚未形成的四元式的地址,初值为1,执行一次 emit 后,自动加 1。

函数 makelist(i)—创建一条包含标号 i 的链表。

函数 merge(p1,p2)—把链首为 p1 和 p2 的两条链合并为一,作为函数值,回送合并后的链首。

过程 backpatch(p,t)—功能是完成"回填",把 p 所链接的每个四元式的第四个区段都填为 t。

假设标号从 100 开始,根据以上翻译模式,给出布尔表达式 a＜b or c＜d and e＜f 的翻译结果。

答案：100 (j＜, a, b, 0)
      101 (j, −, −, 102)
      102 (j＜, c, d, 104)
      103 (j, −, −, 0)
      104 (j＜, e, f, 0)
      105 (j, −, −, 0)

解析：根据翻译过程,得到的带注释的语法树如图 7.8 所示。在每个内部结点归约处,需要完成相应的语义规则,每个关系表达式产生两条转移语句,执行函数 emit 后输出四元式,之后变量 nextquad 的值要加 1,另外要注意标号回填。

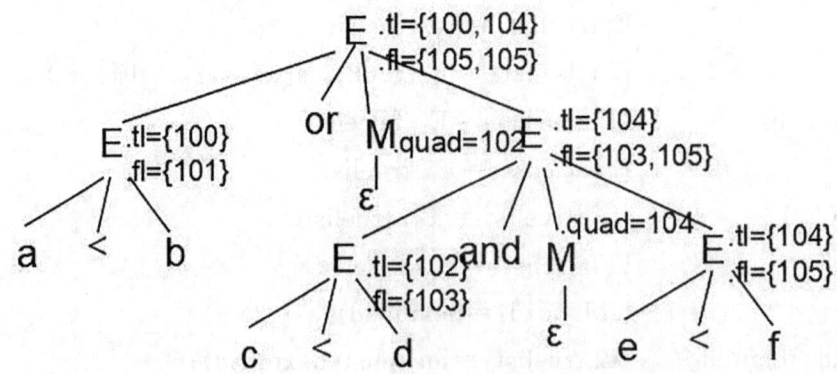

图 7.8 a＜b or c＜d and e＜f 的带注释的语法树

7.5 控制流语句的翻译

【学时】

90 分钟。

【教学内容】

产生控制流语句的属性文法;利用标号回填技术将属性文法转换为翻译模式;控制流语句的翻译。

【教学重点】

控制流语句的翻译。

【教学难点】

利用标号回填技术将属性文法转换为翻译模式。

【教学目的与要求】

(1) 理解产生控制流语句的属性文法。

(2) 理解利用标号回填技术将属性文法转换为翻译模式的方法。

(3) 掌握控制流语句的翻译方法。

【学情分析】

(1) 学生已经学过布尔表达式的翻译,掌握了转移语句的三地址代码表示,学习过如何利用标号回填技术将产生布尔表达式的属性文法转换成翻译模式,具备理解本节知识的能力。

(2) 学生已经掌握至少一门高级编程语言,对于控制语句的执行方式有清晰的认识。

【预习安排】

(1) 根据布尔表达式的处理方式,考虑控制流语句的代码结构,思考代码块哪些地方需要标号。

(2) 尝试把产生控制语句的属性文法转换为翻译模式。

【教学实施建议】

(1) 复习布尔表达式的属性文法、利用回填技术转换成翻译模式的方法。

(2) 介绍产生三种控制流语句的上下文无关文法。

$S \rightarrow if\ E\ then\ S_1$

| if E then S_1 else S_2
| while E do S_1

（3）就预习内容，和学生一起分析控制流语句（if－then，if－then－else，while－do）的代码结构（图 7.9），讨论代码结构中需要产生的标号。

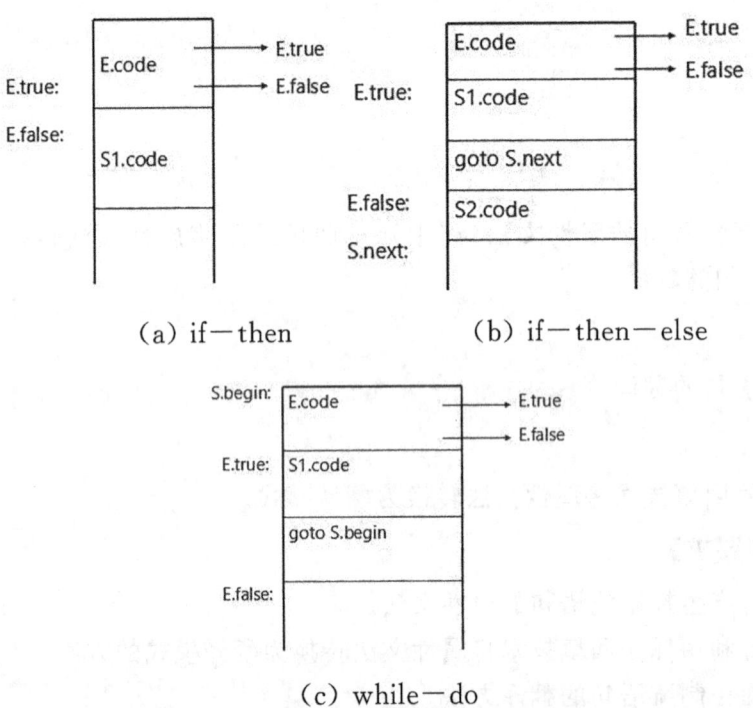

(a) if－then　　(b) if－then－else

(c) while－do

图 7.9　控制流语句的代码结构图

（4）根据上面的分析，引导学生给出产生控制流语句的属性文法的语义规则。

（5）根据标号回填技术，引导学生思考需要标号的位置，同时需要专门处理 if－then－else 语句代码结构的无条件转移语句：

$S \rightarrow$ if　E　then M S_1
| if　E　then　M_1 S_1 N else　M_2 S_2
| while　M_1 E　　do　M_2 S_1
| begin　L　end
| A

$M \rightarrow \varepsilon$　　{M.quad:=nextquad}
$N \rightarrow \varepsilon$　　{N.nextlist:=mklist(nextquad);
　　　　　emit('j,－,－,－');}

（6）给出一组控制流语句代码块，写出其翻译结构。

【课堂互动】

（1）就预习内容，和学生一起分析控制流语句（if－then，if－then－else，

while-do)的代码结构,讨论代码结构中需要产生的标号。

(2) 介绍产生控制流语句的属性文法时,要注意引导,由学生给出语义规则。

(3) 在把属性文法转换成翻译模式时,引导学生根据上节课介绍的回填技术自己对上下文无关文法和语义规则进行修改。

【典型例题】

例 1 把程序段
　　while a<b do
　　　　if　c<d　then　x:=y+z;
翻译成四元式代码,假设语句标号从 100 开始。

　　答案：100（j< ,　a,　b, 102）
　　　　　101（j　,　—,　— , 107）
　　　　　102（j< ,　c,　d, 104）
　　　　　103（j　,　—,　— , 100）
　　　　　104（+ , y, z, T1）
　　　　　105（:= , T1, —, x）
　　　　　106（j, —, — , 100）

解析：上述程序段同时包含了控制流语句、布尔表达式和赋值语句,因此该程序段的翻译综合运用了本章的内容,在翻译过程中,可以首先根据控制流语句写出四元式语句的代码结构,然后在每一个代码块内补充四元式序列。

7.6　本章小结

【学时】

5 分钟。

【教学实施建议】

总结本课程的基本内容及要求如下：

(1) 了解中间语言的几种形式,掌握三地址代码的几种实现。
(2) 掌握说明语句的翻译。
(3) 掌握赋值语句的翻译。
(4) 掌握布尔表达式的翻译。
(5) 掌握控制流语句的翻译。

【课后作业布置】

一、填空题

三地址代码的表示形式有_____、_____ 和 _____。

二、简答题

三地址代码有哪些形式？它们的优缺点是什么？

三、综合题

1. 给出下面表达式的逆波兰表示（后缀式）：

    a * (−b+c)　　　　　　　not A or not(C or not D)

    a+b * (c+d/e)　　　　　　(A and B) or (not C or D)

    −a+b * (−c+d)　　　　　　(A or B) and (C or not D and E)

    if (x+y) * z=0 then (a+b)↑c else a↑b↑c

2. 请将表达式−(a+b) * (c+d)−(a+b+c)分别表示成三元式、间接三元式和四元式序列。

3. 写出下面赋值语句的自下而上语法制导翻译过程，给出产生的三地址代码。

    A:=B * (−C+D)

4. 把下面赋值语句翻译为三地址代码：

    A[i, j]:=B[i, j]+C[A[k,l]]+D[i+j]

5. 写出布尔式 A or (B and not (C or D))的数值计算和条件控制两种翻译方式翻译的中间代码的结果。

6. 把下面的语句翻译成四元式序列：

    while A<C and B<D do
    　　if A=1 then C:=C+1 else
    　　　while A<=D do A:=A+2；

【作业参考答案】

一、填空题

1. 三元式　四元式　间接三元式（顺序可换）

二、简答题

1. 三地址代码包括三元式、四元式、间接三元式。四元式之间的联系通过临时变量实现，这一点和三元式不同，要更动一张三元式表是很困难的，它意味着必须改变其中一系列指示器的值。但要更动四元式表是很容易的，因为调整四元式之间的相对位置并不意味着必须改变其中一系列指示器的值。因此，当需要对中间代码处理时，四元式比三元式要方便得多。对优化这一点而言，四元式和间接三元式同样方便。

三、综合题
1. 各表达式的逆波兰式(后缀式)如下：
    a*(-b+c) —————— ab-c+*
    a+b*(c+d/e) —————— abcde/+*+
    -a+b*(-c+d) —————— a-bc-d+*+
    not A or not (C or not D) —————— A not C D not or not or
    (A and B) or (not C or D) ——————— A B and C not D or or
    (A or B) and (C or not D and E) —————— A B or C D not E and or and
    if (x+y)*z=0 then (a+b)↑c else a↑b↑c
    ———— if xy+z*0= then ab+c↑ else ab↑c↑

2.

		三元式					四元式			
(1)		+	a	b		(1)	+	a	b	T1
(2)		−	(1)	\\		(2)	−	T1	\\	T2
(3)		+	c	d		(3)	+	c	d	T3
(4)		*	(2)	(3)		(4)	*	T2	T3	T4
(5)		+	a	b		(5)	+	a	b	T5
(6)		+	(5)	c		(6)	+	T5	c	T6
(7)		−	(4)	(6)		(7)	−	T4	T6	T7

间接三元式

	三元式表				间接码表
(1)	+	a	b		(1)
(2)	−	(1)	\\		(2)
(3)	+	c	d		(3)
(4)	*	(2)	(3)		(4)
(5)	+	(1)	c		(1)
(7)	−	(4)	(5)		(5)
					(6)

3. 翻译过程：略

   产生的四元式：

   (1)(uminus, C, \, T1)

   (2)(+, T1, D, T2)

   (3)(*, B, T2, T3)

   (4)(:=, T3, \, A)

4. T1:=i*n2

   T1:=T1+j

   T2:=A-CA

   T3:=w*T1

   T4:=i*n2

   T4:=T4+j

   T5:=B-CB

   T6:=w*T4

   T7:=T5[T6]

   T8:=k*n2

   T8:=T8+l

   T9:=A-CA

   T10:=w*T8

   T11:=T9[T10]

   T12:=C-CC

   T13:=w*T11

   T14:=T12[T13]

   T15:=T7+T14

   T16:=i+j

   T17:=D-CD

   T18:=w*T16

   T19:=T17[T18]

   T20:=T15+T19

   T2[T3]:=T20

5. 用作数值计算时，产生的四元式：

   (1) (or, C, D, T1)

   (2) (not, T1, \, T2)

   (3) (and, B, T2, T3)

(4) (or, A, T3, T4)

用作条件控制时,产生的四元式:

(1) (jnz, A, \, 0)
(2) (j, \, \, (3))
(3) (jnz, B, \, (5))
(4) (j, \, \, 0)
(5) (jnz, C, \, (4))
(6) (j, \, \, (7))
(7) (jnz, D, \, (5))
(8) (j, \, \, (1))

6. **翻译结果:**

(1) (j<, A, C, (3))
(2) (j, \, \, 0)
(3) (j<, B, D, (5))
(4) (j, \, \, 0)
(5) (j=, A, 1, (7))
(6) (j, \, \,(10))
(7) (+, C, 1, T1)
(8) (:=, T1,\, C)
(9) (j, \, \, (1))
(10) (j≤, A, D, (12))
(11) (j, \, \, (1))
(12) (+, A, 2, T2)
(13) (:=, T2, \, A)
(14) (j, \, \, (10))
(15) (j, \, \, (1))

第 8 章 符号表

【本章概述】

本章介绍符号表的内容、组织及其查填方法,利用符号表分析名字作用域的方法。

【总学时】

1 学时。

【支撑的课程目标和毕业要求】

本单元各知识点的讲授和学习,可以重点支撑"课程目标 1. 使学生掌握编译原理的基础理论和基本方法,以解决难度较大的问题,处理复杂系统的设计与实现",也即毕业要求指标点 1.3。通过了解符号表的内容、组织和查填方法,在系统层面上对程序和算法有进一步的认识,进一步提升解决计算机问题的能力,并用于解决计算机领域复杂工程问题。

本单元教学采用多媒体课件和范例演示,让学生了解符号表的内容和操作,通过引导,让学生发现数据结构知识在这里的运用,提高他们用已有知识解决问题的能力,从而达到课程目标的要求。

8.1 符号表的组织与作用

【学时】

10 分钟。

【教学内容】

符号表在编译各个阶段的作用;符号表的组织方式。

【教学重点】

符号表在编译各个阶段的作用;符号表的组织方式。

第8章 符号表

【教学难点】

符号表的组织方式。

【教学目的与要求】

(1) 了解符号表在编译各个阶段的作用。

(2) 了解符号表的组织方式。

【学情分析】

(1) 学生已经学完编译过程的前三个阶段,对符号表已经有了浅显的认知,但是没有建立起整体的概念。

(2) 学生已经学过数据结构课程,学习符号表的组织方式没有困难。

【知识背景】

Knuth、Aho 等人(1973 年)详细讨论了符号表的数据结构和搜索算法。Knuth 等人还讨论了散列的核心技术。McKeeman(1976 年)对符号表组织技术进行了详细讨论。

【预习安排】

(1) 安排学生预习符号表的作用。

(2) 结合数据结构知识,让学生思考符号表的组织方式。

【教学实施建议】

(1) 给出编译程序总框图,指出符号表和编译过程的每个部分都相关,复习编译的前三个阶段,结合预习内容,总结符号表的作用。

(2) 对符号表的组织方式进行讨论。

(3) 介绍项目栏长度固定的符号表组织方式。

(4) 介绍项目栏长度可变的符号表组织方式。

(5) 介绍数组信息表(内情向量表)的概念。

(6) 举例介绍 FORTRAN 编译程序常用的几种表格结构。

【课堂互动】

(1) 就符号表的作用,让学生根据前面学过的内容,谈谈自己的理解。

(2) 引导学生结合数据结构知识,思考符号表的组织方式。

【典型例题】

例1 在符号表上进行的操作有哪些?

答案:在符号表上进行的操作有:对给定名字,查询此名是否已在表中;往表中填入一个新的名字;对给定名字,访问它的某些信息;对给定名字,往表中填写或更新它的某些信息;删除一个或一组无用的项。

例 2 选择题（从下列四个备选答案中选出一个或多个正确答案写在题干中的横线上）。

在编译过程中，符号表的主要作用是_____。

A. 帮助错误处理

B. 辅助语法错误检查

C. 辅助上下文语义正确性检查

D. 辅助目标代码生成

答案：CD。

8.2 整理与查找

【学时】

10 分钟。

【教学内容】

符号表的三种构造法和处理法（线性查找、二叉树、杂凑技术）。

【教学重点】

线性查找。

【教学难点】

杂凑技术。

【教学目的与要求】

(1) 了解符号表的三种构造法和处理法。

(2) 掌握符号表的线性表构造和查找方法。

【学情分析】

(1) 在数据结构课程中，学生已经学过线性查找、折半查找、二叉树、杂凑技术，本节内容在查找算法层面是重复的，不同的仅仅是数据对象。

(2) 在编译的前三个阶段，尽管不断提到符号表的概念，但是学生并没有直观认识，本节需要强调让学生利用学过的数据结构知识实现线性结构符号表的构造和查找。

【预习安排】

安排学生阅读教材本小节内容，总结符号表的三种构造和查找方式，整理学生理解不清的问题,准备课堂中答疑。

【教学实施建议】

(1) 以讨论的方式,回顾数据结构中学习到的查找方法。

(2) 由学生总结符号表的三种构造和查找方式。

(3) 让学生提出预习中不清楚的问题,针对问题进行分类答疑。

【课堂互动】

(1) 课程核心知识点以提问的方式介绍,让学生总结三种符号表的构造和查找。

(2) 根据学生对知识的掌握情况,让他们提出预习中不清楚的问题,针对问题进行分类答疑。

【典型例题】

例 1 选择题(从下列四个备选答案中选出一个或多个正确答案写在题干中的横线上)。

符号表的查找一般可以使用_____。

A. 顺序查找

B. 折半查找

C. 杂凑查找

D. 排序查找

答案:ABC。

8.3 名字的作用范围

【学时】

10 分钟。

【教学内容】

Fortran 和 Pascal 的符号表组织。

【教学重点】

Pascal 的符号表组织。

【教学难点】

Pascal 的符号表组织。

【教学目的与要求】

(1) 了解 Fortran 对开式符号表结构。

(2) 了解 Pascal 的栈符号表。

【学情分析】

(1) 尽管学生已经清楚了符号表上的组织、构造和查找方式，但是还不清楚名字的作用范围如何通过符号表区分，因此迫切想了解处理方法，具有强烈的学习意识。

(2) 学生在数据结构中已经学过栈结构，理解本章内容没有困难。

【知识背景】

在许多程序语言中，名字往往有一个确定的作用范围。例如在 Fortran 中，变量、数组和语句函数的名字的作用范围是它们所处的程序段（主程序段、子程序段或函数段），而外部名、公用区名和过程名的作用范围则是整个程序。对于过程嵌套结构型的程序设计语言，每层过程中说明的名字只局限于该过程，离开了所在过程就无意义了。因此，名字的作用范围和它所处的那个过程是相联系的。这意味着，在一个程序里，同一个标识符在不同的地方可能被说明为标识不同的对象，这就是说同一个标识符，具有不同的性质，要求分配不同的存储空间。于是便产生了这样的问题，如何组织符号表，使得同一个标识符在不同的作用域中能得到正确的引用，而不会产生混乱？这就是作用域分析要解决的问题。

【预习安排】

(1) 预习 Fortran 的符号表组织，了解对开式符号表结构。

(2) 预习 Pascal 语言的语法结构。

【教学实施建议】

(1) 首先提出名字作用域的概念和实现最近嵌套作用规则的简单方法。

(2) 介绍 Fortran 的对开式符号表结构。

(3) 通过 Pascal 的一个源程序介绍其语法结构。

(4) 介绍 Pascal 的栈符号表。

【课堂互动】

(1) 讨论 Fortran 的对开式符号表结构的优缺点。

(2) 讨论如何利用 Pascal 的栈符号表结构区分不同名字的作用域范围。

8.4 符号表的内容

【学时】

10 分钟。

【教学内容】

变量名、数组名和过程名的符号表的内容。

【教学重点】

变量名的符号表的内容。

【教学难点】

不同类型名字的符号表的内容。

【教学目的与要求】

了解符号表中不同类型名字的信息栏内容。

【学情分析】

学生已经学过了符号表的组织方式及如何对符号表进行整理和查找的方式。前面介绍的符号表内容通常是变量名,符号表信息栏的内容学生较为清楚,但是过程名、数组名等名字的符号表信息栏内容并不清楚。

【知识背景】

不同程序语言对于名字性质的定义各有不同。现今多数程序语言中的名字或者是说明语句规定其性质,或者采用某种隐含约定(如 Fortran 中凡是以字符 I,J,…,N 开头的标识符代表整型变量名)。有些程序语言(如 APL)没有说明语句也没有隐含规定,因此,符号表的性质须到目标程序运行时才能确定下来。但是,编译时登记在符号表中的各个名字的性质只能来自说明语句(包括隐含约定或标号定义)或其他引用情形。

【预习安排】

预习变量名的信息栏中的信息。

【教学实施建议】

(1) 检查学生预习情况,总结介绍变量名的信息栏中的内容。

(2) 引导学生思考数组名和普通变量名的区别。

(3) 以互动的方式介绍过程名的信息栏中的内容。

(4) 介绍 151—Fortran 编译程序所用的符号表内容。

【课堂互动】

(1) 就预习提出的问题进行讨论。

(2) 以讨论的方式介绍数组名和普通变量名的信息栏不同处理方式。

(3) 介绍过程名的信息栏内容时,通过课堂互动方式进行。

8.5 本章小结

【学时】

5 分钟。

【教学实施建议】

总结本课程的基本内容及要求如下:

了解符号表的内容、组织及其查填方法。

【课后作业布置】

1. 什么是符号表?符号表有哪些重要作用?

2. 符号表的表项常包括哪些部分?各描述什么?

3. 符号表的组织方式有哪些?它的组织取决于哪些因素?

【作业参考答案】

1. 符号表的作用表现为:

(1) 登记编译过程输入和输出信息。

(2) 在语义分析过程中用于语义检查和中间代码生成。

(3) 作为目标代码生成阶段地址分配的依据。

2. 符号表的表项包含两大栏,即名字栏和信息栏。

名字栏也叫主栏,存放名字的标示器,称为关键字;信息栏包含许多子栏和标志位,用来记录相应名字的各种不同属性。

3. 符号表的组织方式分为直接组织方式和间接组织方式两大类。

直接组织方式中各项按固定长度顺序存放;间接组织方式中,符号表的主栏存放标识符的一个指示器和一个整数(标识符的起始位置和长度),而标识符的字符串则存放在一个字符串数组中。

符号表的组织主要取决于以下几个因素:

（1）表项中的各栏所占的存储单元和长度是否固定。
（2）语言中标识符的长度限制。
（3）哪些项有哪些共同值。
（4）对符号表的操作和使用方式。

第 9 章 运行时存储空间组织

【本章概述】

本章就目标程序运行时的活动和运行环境进行讨论,主要讨论存储组织与管理,包括活动记录的建立与管理、存储器的组织与存储分配策略、非局部名称的访问等。

【总学时】

1 学时。

【支撑的课程目标和毕业要求】

本单元各知识点的讲授和学习,可以重点支撑"课程目标 1.使学生掌握编译原理的基础理论和基本方法,以解决难度较大的问题,处理复杂系统的设计与实现",也即毕业要求指标点 1.3。通过了解过程调用的参数传递、代码结构等,存储分配策略,在系统层面上对程序和算法有进一步的认识,进一步提升解决计算机问题的能力,并用于解决计算机领域复杂工程问题。

本单元教学采用多媒体课件和范例演示,让学生掌握在编译实现中为了完成过程调用需要做什么工作,通过引导,让学生更深刻地理解程序设计语言,并发现数据结构知识在这里的运用,提高他们用已有知识解决问题的能力,从而达到课程目标的要求。

9.1 目标程序运行时的活动

【学时】

10 分钟。

【教学内容】

过程中的活动的相关概念;参数传递的几种不同形式。

【教学重点】

参数传递的形式。

【教学难点】

参数传递的形式。

【教学目的与要求】

(1) 了解过程中的活动、活动的生存期、说明的作用域等概念。

(2) 了解传地址、传值、传名三种不同的参数传递方式。

【学情分析】

学生已经掌握至少一门高级编程语言,对于实在参数和形式参数等概念非常清楚,能够掌握一到两种参数传递方式。

【知识背景】

我们知道,编译程序最终的目的是将源程序翻译成等价的目标程序。为了达到此目的,除了已经介绍过的对源程序进行词法、语法和语义分析外,在生产目标代码前,需要把程序静态的正文和实现这个程序的运行时活动联系起来,弄清楚将来在代码运行时刻,源代码中的各种变量、常量等用户定义的量是如何存放的,如何去访问它们。在程序的执行过程中,程序中数据的存取是通过与之对应的存储单元来进行的。程序中使用的存储单元都由标识符来表示。标识符对应的内存地址都是由编译程序在编译时或由其生成的目标程序运行时进行分配。所以,对编译程序来说,存储组织与管理是一个复杂而又重要的问题。

【预习安排】

(1) 预习过程中的活动的概念。

(2) 根据高级编程语言的学习内容,让学生总结所用过的参数传递方式。

【教学实施建议】

(1) 给出编译程序总框图,指出运行时存储空间组织的作用。

(2) 介绍过程中的活动、活动的生存期、说明的作用域等概念。

(3) 介绍形式参数和实在参数等基本概念。

(4) 介绍传地址、传值、传名、得结果四种参数传递方式。

【课堂互动】

(1) 为加深理解,引导学生讨论存储空间组织和编译程序的关系。

（2）不同的编程语言提供的参数传递方式各不相同,如 C/C++支持传值、传引用等方式。程序员可以使用不同的传递参数的方式。但是,如果对于不同的传递方式,在实参与形参的结合、形参使用等方面存在模糊认识的话,会给编程带来困难,这也是困扰很多编程初学者的主要难题之一。让学生结合自己的编程经验,谈谈在这方面的体会。

【典型例题】

例1 假设有一段程序如下,如果所有参数都是采取传地址、得结果、传值、传名的方式进行参数传递,它的输出结果是什么？_____

```
procedure P(w,x,y,z);
begin
    y := y * w;
    z := z + x;
end
begin
    a := 5;
    b := 3;
    P(a+b,a-b,a,a);
    write(a);
end
```

A. 5　　　　B. 42　　　　C. 7　　　　D. 77

答案：B C A D

解析：传地址参数传递是调用程序把实在参数的地址传递到被调用过程相应的形式单元中,过程体对形式单元的引用或赋值被处理成对形式单元的间接访问。在主程序进行函数调用 P(a+b, a-b, a, a)时,会首先产生两个临时变量 T1:=a+b 和 T2:=a-b,调用时,会把实参 T1、T2、a、a 的地址传递到形参中,这样函数中所有对形参的访问都转换成了对实参地址的间接访问,于是相当于执行了语句 a:=a*T1 和 a:=a+T2,所以结果为 42。

得结果参数传递是传地址的一种变形,这种方式每个形参对应两个形式单元,第一个形式单元存放实参地址,第二个形式单元存放实参的值,在过程体中对形参的任何引用或赋值都看作对它的第二个单元的直接访问,过程完成返回前,把第二个单元的内容存放到第一个单元所指的实在参数中。进行函数调用时,首先会把实参的地址和值传递到形参,这样分别传递的结果是 w←(T1, 8), x←(T2, 2), y←(a, 5), z←(a, 5),过程体执行中,首先执行 y:=y*w,访问实参的值,于是 y=40,第二条语句 z:=z+x,z 和 x 实参对应的值是 2 和 5,执行后,z=

7。最后,在函数返回前,将 y 和 z 的结果对应实参的值修改为新的值,所以,执行完成后,首先根据 y=40,使得 a=40,又根据 z=7 将 a 的值修改为 7。

传值参数传递是将实在参数的值传递给相应的形式参数。调用程序预先把实在参数的值计算出来,并传递到被调用的过程相应的形式参数中,被调用时,像引用局部数据一样引用形式参数,直接访问对应的形式单元,实参值不变。

传名参数传递相当于把调用过程的过程体抄到调用出现的地方,但把其中出现的形式参数都替换成相应的实在参数。具体方式是,在进入被调用过程之前不对实在参数预先进行计算,而是让过程体中每当使用到相应的形式参数时才逐次对它进行计算。通常把实在参数处理成一个子程序,每当过程体中使用到相应形式参数时就调用这个子程序。本题中,过程体执行时,相当于依次执行 a:=a*(a+b) 和 a:=a+(a−b),于是执行完成后 a=77。

9.2　运行时存储器的划分

【学时】

5 分钟。

【教学内容】

运行时存储器的划分;活动记录的概念和内容;存储分配策略。

【教学重点】

运行时存储器的划分。

【教学难点】

运行时存储器的划分。

【教学目的与要求】

(1) 了解运行时存储器的划分。

(2) 了解活动记录的概念和内容。

(3) 了解存储分配策略。

【学情分析】

(1) 通过上一节课的学习,学生已经知道编译程序为了使它编译后的目标程序能够运行,要从操作系统中获得一块空间,并需要对这块空间进行划分以便存放。

(2) 在其他课程学习过程中,学生有过调试程序的经验,能够理解运行空间中栈的变化。

(3) 学生在 C/C++程序语言设计和数据结构课程中,使用过动态空间的申请和释放的相关函数,能够理解堆空间的操作。

【知识背景】

在 Fortran 语言的实现系统中,所有数据对象都可静态地进行存储分配。在 Pascal 和 C 的实现系统中,使用扩充的栈来管理过程的活动。当发生过程调用时,中断当前活动的执行,激活新被调用过程的活动,并把包含在这个活动生存期中的数据对象以及和该活动有关的其他信息存入栈中。当控制从调用返回时,将所占存储空间弹出栈顶。同时,被中断的活动恢复执行。在运行存储空间的划分中有一个单独的区域叫做堆(heep),留给存放动态数据。Pascal 和 C 语言都允许数据对象在程序运行时分配空间以便建立动态数据结构,这样的数据存储空间可以分配在堆区。

在一个具体的编译系统中,究竟采用哪种存储分配策略,主要依赖于程序语言关于名称的作用域和生存期的定义规则。像 Fortran 这样的语言,不允许过程递归,不含可变体积的数据对象或待定性质的名称,能在编译时完全确定其程序的每个数据对象在运行时所在存储空间的位置,因此在设计 Fortran 语言编译程序时可采用静态存储分配策略。像 Pascal 和 C 语言,由于它们允许递归过程,在编译时刻无法预先确定哪些递归过程在运行时被激活,更难以确定它们的递归深度,而每次递归调用,都要为该过程中的每个数据对象分配一个新的存储空间。由上可见,它们的编译程序不能采用静态分配策略,只能采用在程序运行时动态地进行分配(栈式分配)。又如 Pascal 和 C 语言,还允许用户动态地申请和释放存储空间,而且申请与释放之间不一定遵守先申请后释放或后申请先释放的原则,因此,需要采用一种更复杂的堆式动态分配策略。

【预习安排】

(1) 预习运行时存储空间的划分有哪些。

(2) 查资料了解 C 语言的存储空间分配。

【教学实施建议】

(1) 通过画图的方式进行讲解,介绍运行时存储空间的划分,详细说明每一块区域的特点,如图 9.1 所示。

(2) 通过图 9.2,介绍活动记录的概念以及活动记录中所包含的信息,要注意区分静态链和动态链。

第 9 章 运行时存储空间组织

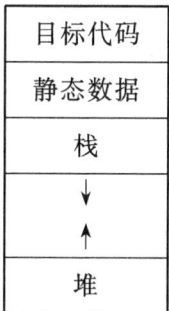

图 9.1 运行时存储空间的划分

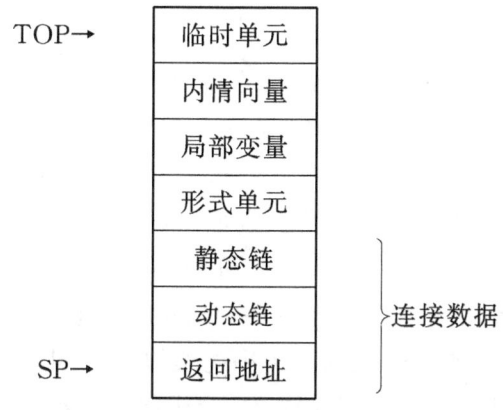

图 9.2 活动记录

（3）介绍几种不同的存储分配策略，以及这些存储策略的特点。

【课堂互动】

（1）引导学生讨论和总结活动记录中静态链和动态链的区别。

（2）让学生根据学过的程序设计语言，分别就静态、栈式和堆式分配策略进行举例。

9.3 静态存储分配

【学时】

5 分钟。

【教学内容】

静态分配策略的特点；Fortran 语言的数据区内容；临时变量的地址分配。

【教学重点】

静态分配策略的特点。

【教学难点】

　　静态分配策略的特点。

【教学目的与要求】

　　掌握静态分配的特点。

【学情分析】

　　学生已经对静态分配策略有了一个简单的认识，对于本节利用 Fortran 的存储分配内容具有较大兴趣。

【知识背景】

　　Fortran 程序的特点是不允许过程的递归性，每个数据名所需的存储空间大小都是常量（即不许含可变体积的数据，如可变数组），并且所有数据名的性质是完全确定的（不允许那种需在运行时动态确定其性质的名字）。Fortran 标准文本规定，每个初等类型数据（不论变量或常数）都用某一确定长度的"机器字"表示之，整型、实型和逻辑型的数据各用一个机器字表示。双（精度）实型和复型数据各用相继的两个机器字表示。数组在存储器中必须按列为序连续存放。一个含 N 个元素的实型、整型或逻辑型数组需用连续的 N 个机器字表示，而一个含 N 个元素的双实型或复型数组则需用连续 2N 个机器字表示。

　　但是，Fortran 的公用（COMMON）和等价（EQUIVALENCE）这些特殊概念带来了存储分配的复杂性。公用和等价完全是针对存储空间的相对位置而言的，不依赖于有关数据类型的数学性质。因此，编译程序必须按照标准文本对各类数据所需的存储空间大小以及存储表示方式所做的规定建立复杂的"名字－地址"对应关系。然后，根据这些对应关系对名字的地址进行分配。

【教学实施建议】

　　（1）根据课程的课时情况，本节内容可以选讲或自学。
　　（2）首先要介绍和了解 Fortran 的语言特点。
　　（3）介绍 Fortran 的数据区内容和组织方式。
　　（4）介绍临时变量的地址分配。

【典型例题】

　　例 1　若在编译时就能够确定一个程序在运行时所需的存储空间的大小，则在编译时就能够安排好目标程序运行时的全部数据空间，并能确定每个数据项的单元地址，这种存放分配策略是指＿＿＿＿＿＿＿。

　　答案：静态分配策略。

9.4 简单的栈式存储分配

【学时】

5分钟。

【教学内容】

栈式存储分配的特点；C 的活动记录；C 的过程调用、过程进入、数组空间分配和过程返回。

【教学重点】

栈式存储分配的特点。

【教学难点】

C 的过程调用、过程进入、数组空间分配和过程返回。

【教学目的与要求】

(1) 掌握栈式存储分配的特点。

(2) 了解 C 的活动记录。

(3) 了解 C 的过程调用、过程进入、数组空间分配和过程返回。

【学情分析】

(1) 在其他课程学习过程中，学生有过调试程序的经验，能够理解运行空间中栈的变化。

(2) 学生学过数据结构，知道栈的操作特点。

【教学实施建议】

(1) 引导学生回答 C 语言的程序结构，突出强调其过程不允许嵌套和允许递归调用的特点。

(2) 介绍栈式存储分配的特点。

(3) 根据图 9.3 介绍 C 语言程序的存储组织。

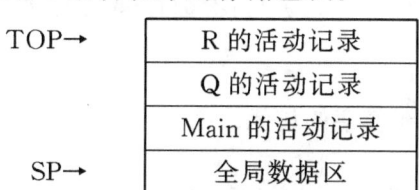

图 9.3　C 语言程序的组织结构

(4) 介绍 C 的活动记录，如图 9.4 所示。

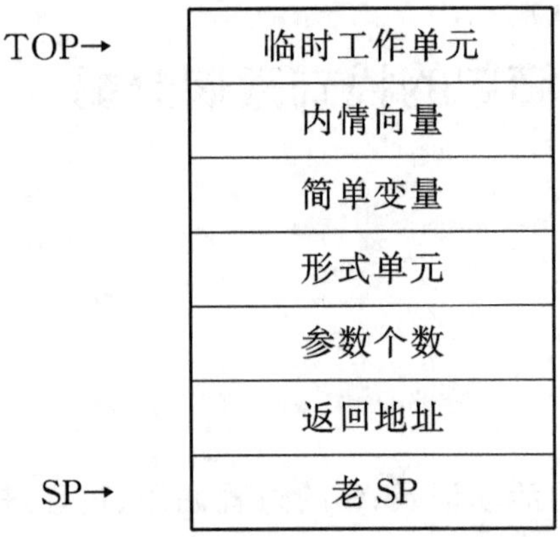

```
TOP→  ┌──────────────┐
      │  临时工作单元  │
      ├──────────────┤
      │   内情向量    │
      ├──────────────┤
      │   简单变量    │
      ├──────────────┤
      │   形式单元    │
      ├──────────────┤
      │   参数个数    │
      ├──────────────┤
      │   返回地址    │
      ├──────────────┤
SP →  │    老 SP     │
      └──────────────┘
```

图 9.4　C 的活动记录

(5) 介绍 C 的过程调用、过程进入、数组空间分配和过程返回。

【课堂互动】

(1) 引导学生回答 C 语言的程序结构，并总结其过程不允许嵌套和允许递归调用的特点。

(2) 在介绍变量和形参的绝对地址时，由学生进行讨论。

【典型例题】

例 1　C 语言采用的存储分配策略是_____。

答案：栈式存储分配策略。

9.5　嵌套过程语言的栈式实现

【学时】

10 分钟。

【教学内容】

嵌套过程语言的非局部名字的访问；参数传递的实现。

【教学重点】

嵌套过程语言的非局部名字的访问。

【教学难点】

嵌套过程语言的非局部名字的访问。

【教学目的与要求】

(1) 了解非局部名字的访问的实现。

(2) 了解参数传递的实现。

【学情分析】

(1) 学生已经了解了简单栈式实现的方式。

(2) 学生已经了解了 Pascal 语言的程序结构。

【教学实施建议】

(1) 首先通过例子复习 Pascal 语言过程嵌套定义。

(2) 介绍通过静态链跟踪每个外层过程的最新活动记录的地址。

(3) 介绍活动记录的结构。

(4) 介绍静态链方式下程序运行时栈的变化过程。

(5) 介绍通过显示表(display)跟踪每个外层过程的最新活动记录的地址。

(6) 介绍"非局部量"地址的确定。

(7) 介绍利用显示表跟踪方式下程序运行时栈的变化过程。

(8) 由学生讨论对静态链和显示表方法进行比较。

(9) 介绍参数传递的实现。

【课堂互动】

(1) 复习 Pascal 语言结构时,让学生指出该语言与 C 语言定义的不同,从而引出过程嵌套的定义。

(2) 在介绍完静态链和显示表方法后,由学生对两种方法进行讨论。

【典型例题】

例 1 令过程 R 的外层为 Q,Q 的外层为 P,画出 R 运行时的 display 表。

答案:如表 9.1 所示。

表 9.1 R 运行时的 display 表

2	R 的现行活动记录地址(SP 的现行值)
1	Q 的最新活动记录的地址
0	P 的活动记录的地址

9.6　堆式动态分配

【学时】

　　5分钟。

【教学内容】

　　堆式动态存储分配的实现；隐式存储回收。

【教学重点】

　　堆式动态存储分配的实现。

【教学难点】

　　堆式动态存储分配的实现。

【教学目的与要求】

　　(1) 了解堆式动态存储分配中的定长块和变长块管理方式。

　　(2) 了解变长块方式下的三种空闲块分配策略。

　　(3) 了解系统存储回收过程中的两个阶段。

【学情分析】

　　(1) 学生在程序语言课程中已经学过空间申请和释放的函数，对栈式存储分配有一定的了解。

　　(2) 学生已经学过静态存储分配和两种栈式存储分配方式，对于堆式动态分配有较强的求知欲。

【预习安排】

　　(1) 分析定长块管理的优缺点。

　　(2) 思考变长块管理需要注意的问题。

【教学实施建议】

　　(1) 首先介绍定长块和变长块两种管理方式的特点。

　　(2) 根据预习内容，讨论定长块管理的优缺点和变长块管理需要注意的问题。

　　(3) 介绍变长块管理中空闲块分配的三种策略，讨论三种分配策略的优缺点。

　　(4) 介绍隐式存储回收过程的两个阶段。

【课堂互动】

（1）根据预习内容，讨论定长块管理的优缺点和变长块管理需要注意的问题。

（2）讨论变长块管理中三种分配策略的优缺点。

9.7 本章小结

【学时】

5分钟。

【教学实施建议】

总结本课程的基本内容及要求如下：

（1）了解过程调用中的参数传递、过程调用中的代码结构等。

（2）了解几种存储分配方法。

【课后作业布置】

有哪些存储分配策略？并叙述何时能用何种分配策略？

【作业参考答案】

答：存储分配策略分为静态分配策略和动态分配策略两大类，而动态分配策略又分为栈式动态分配策略和堆式动态分配策略两类。在一个具体的编译系统中，究竟采用哪种存储分配策略，主要根据程序语言关于名称的作用域和生存期的定义规则。如果编译时能够确定一个程序运行时每个数据所需要的数据空间的大小，可采用静态存储分配策略；反之，则采用动态存储分配策略。若存储空间动态申请和释放服从"先请后还，后请先还"的原则，且程序的名称服从程序结构所限定的作用范围，则可采用栈式动态分配策略；若存储空间动态申请和释放没有约束关系，则可采用堆式动态分配策略。

第 10 章 优化

【本章概述】

优化可在编译的各个阶段进行,但最主要的一类优化是在目标代码生成以前,对语法分析后的中间代码进行的。这类优化不依赖于具体的计算机。另一类重要的优化是在生成目标代码时进行的,它在很大程度上依赖于具体的计算机。本章讨论前一类优化,介绍基本块内的局部优化、循环优化和数据流分析的一些问题。

【总学时】

0.5 学时。

【支撑的课程目标和毕业要求】

本单元各知识点的讲授和学习,可以重点支撑"课程目标 1. 使学生掌握编译原理的基础理论和基本方法,以解决难度较大的问题,处理复杂系统的设计与实现",也即毕业要求指标点 1.3。在对代码优化目的理解的基础上,通过对代码优化方法的了解,在系统层面上对程序和算法有进一步的认识,进一步提升解决计算机问题的能力,并用于解决计算机领域复杂工程问题。

本单元教学采用多媒体课件,通过举例展示,让学生了解几种基本的优化方法,使学生懂得在系统设计中还要根据相关因素进行折中和决策,以达到课程目标的要求。

10.1 概述

【学时】

5 分钟。

第 10 章 优化

【教学内容】

优化的目的、原则；几种变换方法。

【教学重点】

优化的目的、原则。

【教学难点】

几种变换方法。

【教学目的与要求】

(1) 掌握优化的目的和原则。

(2) 了解几种优化变换方法。

【学情分析】

学生已经学过了编译过程的前三个阶段，具备理解本节内容的基本理论。

【知识背景】

编译器的优化步骤在整个编译器中是最重要的，也是最难的。它重要是因为一个编译器的好坏主要就是看这个编译器优化的效果是否良好。如果一个编译器的优化效果很差，那么由该编译器编译出的程序对系统资源的开销是相当大的，而程序设计语言的设计者往往希望编译器能够编译出与用机器语言编写的程序效率相当的程序；它难是因为优化中的众多问题都没有定型的好算法。有些优化问题的求解甚至是不可计算的。现代系统结构中流水线、超标量以及多核处理器的出现无疑给编译器的设计实现者加重任务。

优化的正确性原则是优化前后的代码对于任何输入（合法或者非法），都应给出相同的结果。这条原则是显然的，但并不是那么容易做到。曾经有一段时间，GCC 在 Intel 的机器上对浮点数的存取优化就没能做到这一点。优化代码的提供者没有考虑到 Intel 的 FPU 是扩展的 80 位的，因此对于 Float、Double 类型在寄存器中的数据和存在内存中的数据是不一样的，即使逻辑上相等的数据拿寄存器中的与内存中的比较也会得到不相等的结果，优化者期望通过将临时变量存在寄存器中以获取效率，但导致了与未优化的代码产生不同的输出结果。

【预习安排】

(1) 根据第 7 章知识，写出下列代码段经过语义分析后产生的三地址代码序列。

```
void quicksort(m,n);
int m,n;
{
    int i,j;
```

```
            int v,x;
            if(n<=m) return;
            /* fragment begins here */
            i=m-1;j=n;v=a[n];
            while(1){
                    do i=i+1;    while(a[i]<v);
                    do j=j-1;    while(a[j]<v);
                    if(i>=j) break;
                    x=a[i]; a[i]=a[j]; a[j]=x;
                    }
            /* fragment ends here */
            quicksort(m,j); quicksort(i+1,n);
      }
```

(2) 预习几种优化变换方法。

【教学实施建议】

(1) 首先介绍优化的目的和原则。

(2) 就预习内容,由学生讨论给出上述代码段产生的三地址代码序列。

(3) 在产生的三地址代码序列上,分别进行优化变换,以介绍几种优化变换方法的概念,包括删除公共子表达式、复写传播、删除无用代码、代码外套、强度削弱、删除归纳变量。

【课堂互动】

就预习内容,由学生讨论给出上述代码段产生的三地址代码序列。

【典型例题】

例 1 以下不是需要优化遵循的原则是_____。

A. 等价原则　　　B. 有效原则　　　C. 合算原则　　　D. 必要原则

答案:D。

10.2　局部优化

【学时】

10 分钟。

第 10 章 优化

【教学内容】

基本块及流图;利用 DAG 进行基本块内的优化。

【教学重点】

基本块划分;利用 DAG 进行基本块内的优化。

【教学难点】

利用 DAG 进行基本块内的优化。

【教学目的与要求】

(1) 掌握基本块的划分和流图的生成。

(2) 掌握利用 DAG 图进行局部优化的方法。

【预习安排】

预习基本块的基本概念。

【教学实施建议】

(1) 介绍基本块的基本概念,强调基本块的特点:块内语句顺序执行、一个入口、一个出口。

(2) 介绍基本块的划分和流图的构造。

(3) 介绍在基本块内进行的几种优化变换方法。

(4) 介绍利用 DAG 进行局部优化。

【课堂互动】

(1) 在介绍基本块概念时,要让学生分析基本块的特点。

(2) 根据基本块的特点,由学生找到基本块的划分方法。

【典型例题】

例 1 对下面的三地址代码程序划分基本块并构造流图。

(1) Read X

(2) Read Y

(3) R:=X mod Y

(4) if R=0 goto (8)

(5) X:=Y

(6) Y:=R

(7) goto (3)

(8) write Y

(9) halt

答案:基本块划分和流图如图 10.1 所示。

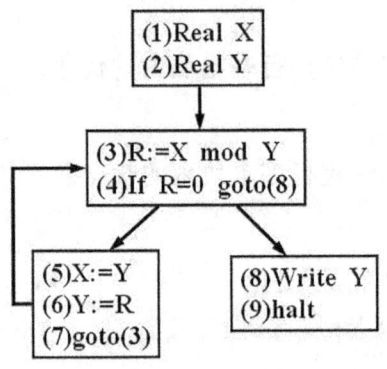

图 10.1 基本块划分和流图

解析：首先，根据下述算法进行基本块划分：

(1) 求出四元式程序中各个基本块的入口语句。

(2) 对以上求出的每一入口语句，构造其所属的基本块。

(3) 凡未被纳入某一基本块中的语句，都是程序中控制流无法到达的语句，从而也是不会被执行到的语句，我们就可以把它们从程序中删除。

此时，找到了四个基本块，然后以这些基本块为结点，将控制流信息增加到基本块集合上，若一个结点的基本块的入口语句是程序的第一条语句，则称此结点为首结点；若在某个执行顺序中，基本块 B_2 紧接在基本块 B_1 之后执行，则从 B_1 到 B_2 有一条有向边。即，如果有一个条件或无条件转移语句从 B_1 的最后一条语句转移到 B_2 的第一条语句；或者在程序的序列中，B_2 紧接在 B_1 的后面，并且 B_1 的最后一条语句不是一个无条件转移语句，我们就说 B_1 是 B_2 的前驱，B_2 是 B_1 的后继。

例 2 画出下面基本块的 DAG，并根据 DAG 进行基本块内的优化。

(1) $T_0 := 3.14$

(2) $T_1 := 2 * T_0$

(3) $T_2 := R + r$

(4) $A := T_1 * T_2$

(5) $B := A$

(6) $T_3 := 2 * T_0$

(7) $T_4 := R + r$

(8) $T_5 := T_3 * T_4$

(9) $T_6 := R - r$

(10) $B := T_5 * T_6$

答：基本块 G 的 DAG 构造过程如图 10.2～10.4 所示。

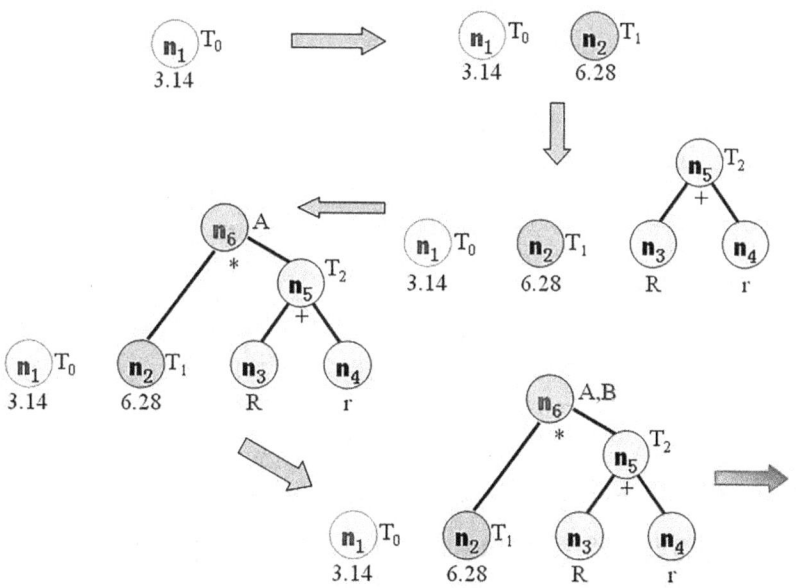

图 10.2 基本块 G 的 DAG 构造过程(1)

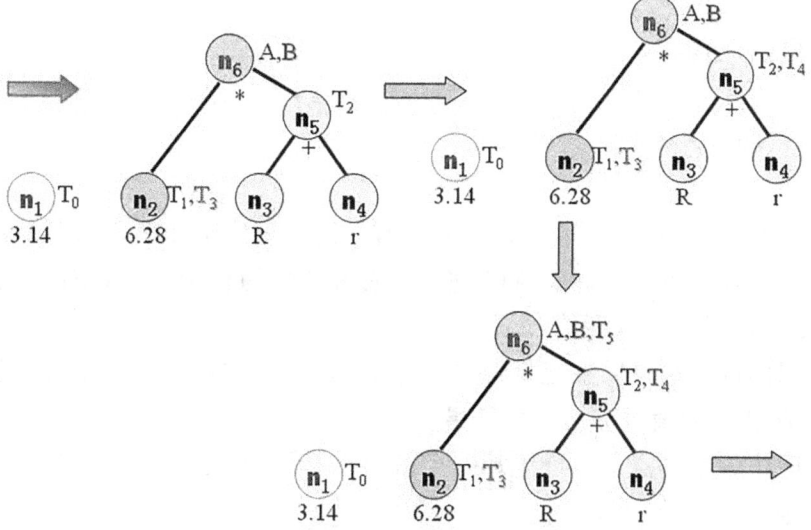

图 10.3 基本块 G 的 DAG 构造过程(2)

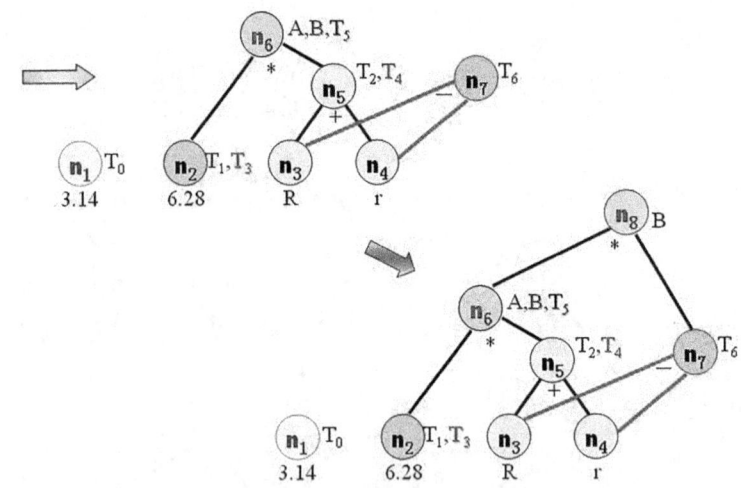

图 10.4　基本块 G 的 DAG 构造过程(3)

按原来构造结点的顺序,把构造出的 DAG 重新写成中间代码:

(1) $T_0 := 3.14$

(2) $T_1 := 6.28$

(3) $T_3 := 6.28$

(4) $T_2 := R+r$

(5) $T_4 = T_2$

(6) $A := 6.28 * T_2$

(7) $T_5 := A$

(8) $T_6 := R-r$

(9) $B := A * T_6$

解析:基本块的 DAG 是一种结点带有下述标记或附加信息的 DAG:

(1) 图的叶结点以一标识符(变量名)或常数作为标记,表示该结点代表该变量或常数的值。

(2) 图的内部结点以一运算符作为标记,表示该结点代表应用该运算符对其后继结点所代表的值进行运算的结果。

(3) 图中各个结点上可能附加一个或多个标识符,表示这些变量具有该结点所代表的值。

构造基本块的 DAG 的算法如下,假设 DAG 各结点信息将用某种适当的数据结构来存放(如链表),并设有一个标识符(包括常数)与结点的对应表。NODE(A)是描述这种对应关系的一个函数,它的值或者是一个结点的编号 n,或者无定义。前一情况代表 DAG 中存在一个结点 n,A 是其上的标记或附加标识符。并假定考虑的中间代码包括以下三种形式:

(0) A:=B

(1) A:=op B

(2) A:=B op C 或 A:=B[C]

下面是仅含(0)、(1)、(2)型中间代码的基本块的 DAG 构造算法。

开始,DAG 为空。

对基本块中每一条中间代码式,依次执行以下步骤。

1. 若 NODE(B)无定义,则构造一标记为 B 的叶结点,并定义 NODE(B)为这个结点。

若当前代码是 0 型,则记 NODE(B)的值为 n,转 4。

若当前代码是 1 型,则转 2(1)。

若当前代码是 2 型,则:(1) 若 NODE(C)无定义,则构造一个标记为 C 的叶结点并定义 NODE(C)为这个结点,(2)转 2(2)。

2. (1) 若 NODE(B)是标记为常数的叶结点,则转 2(3),否则转 3(1)。

(2) 若 NODE(B)和 NODE(C)都是标记为常数的叶结点,则转 2(4),否则转 3(2)。

(3) 执行 op B(即合并已知量),令得到的新常数为 p。若 NODE(B)是处理当前代码时新构造出来的结点,则删除它。若 NODE(p)无定义,则构造一用 p 做标记的叶结点 n。置 NODE(p)=n,转 4。

(4) 执行 B op C(即合并已知量),令得到的新常数为 p。若 NODE(B)或 NODE(C)是处理当前代码时新构造出来的结点,则删除它。若 NODE(p)无定义,则构造一用 p 做标记的叶结点 n。置 NODE(p)=n,转 4。

3. (1) 检查 DAG 中是否已有一结点,其唯一后继为 NODE(B)且标记为 op(即找公共子表达式)。若没有,则构造该结点 n,否则就把已有的结点作为它的结点并设该结点为 n,转 4。

(2) 检查 DAG 中是否已有一结点,其左后继为 NODE(B),右后继为 NODE(C),且标记为 op(即找公共子表达式)。若没有,则构造该结点 n,否则就把已有的结点作为它的结点并设该结点为 n,转 4。

4. 若 NODE(A)无定义,则把 A 附加在结点 n 上并令 NODE(A) = n;否则先把 A 从 NODE(A)结点上的附加标识符集中删除(注意,若 NODE(A)是叶结点,则其标记 A 不删除),把 A 附加到新结点 n 上并令 NODE(A) = n,转处理下一条代码。

构造好 DAG 后,按照构造其结点的顺序,重新生成原基本块的一个优化的中间代码序列。为此,如果 DAG 某内部结点上附有多个标识符,由于计算该结点值的表达式是一个公共子表达式,当我们把该结点重新写成中间代码时,就可删除多余运算。

10.3 循环优化

【学时】

8分钟。

【教学内容】

代码外提、强度削弱、删除归纳变量三种循环优化方法。

【教学重点】

代码外提、强度削弱、删除归纳变量三种循环优化方法。

【教学难点】

代码外提算法。

【教学目的与要求】

(1) 了解代码外提算法的基本思想。

(2) 了解强度削弱算法的基本思想。

(3) 了解删除归纳变量算法的基本思想。

【学情分析】

学生已经掌握了基本块的划分和流图的画法，能够在流图上判定哪些基本块构成一个循环。

【预习安排】

让学生预习在循环中查找不变运算的算法。

【教学实施建议】

(1) 首先介绍代码外提、强度削弱、删除归纳变量三种循环优化方法的基本概念。

(2) 介绍"到达—定值"的概念。

(3) 介绍循环前置结点的概念。

(4) 引导学生理解查找循环不变运算的算法。

(5) 通过例子介绍代码外提算法。

(6) 通过例子介绍强度削弱算法。

(7) 通过例子介绍删除归纳变量算法。

第 10 章 优化

【课堂互动】

（1）就预习提出的问题进行讨论。

（2）介绍三种循环优化算法时，引导学生讨论这些算法设计的原理。

【典型例题】

例 1 下面一段 Pascal 源程序：

for I:=1 to 10 do
    A[I, 2 * J]:= A[I, 2 * J]+1

产生如图 10.5 所示的中间代码程序流图，对其代码外提，并写出代码外提后的中间代码序列。

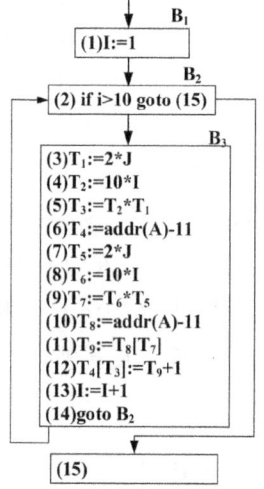

图 10.5 中间代码程序流图

答案：代码外提后如图 10.6 所示。

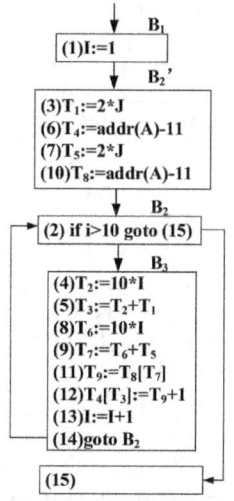

图 10.6 代码外提

解析：代码外提时，首先要先设置前置结点，如图 10.7 所示。

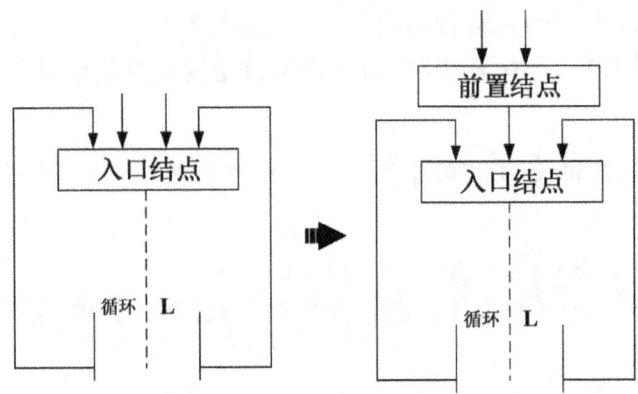

图 10.7　设置前置结点

然后查找循环中的不变运算，并且这些不变运算 s：A：＝B op C 或 A：＝B 满足下述条件(1)或(2)：

(1)①s 所在的结点是循环所有出口结点的必经结点；②A 在循环中其他地方未再定值；③循环中所有 A 的引用点只有 s 中 A 的定值才能到达。

(2)A 在循环后不再是活跃的，并且条件(1)中的②③成立。

当满足上述条件的不变运算时，将这些运算外提到前置结点中。

例 2　对图 10.8 中的中间代码进行强度削弱和删除归纳变量。

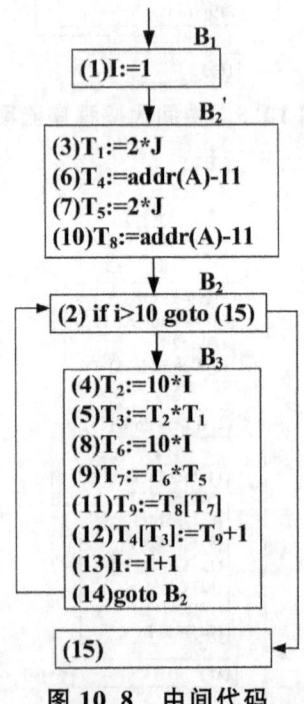

图 10.8　中间代码

答案：强度削弱和删除归纳变量后，如图 10.9 所示。

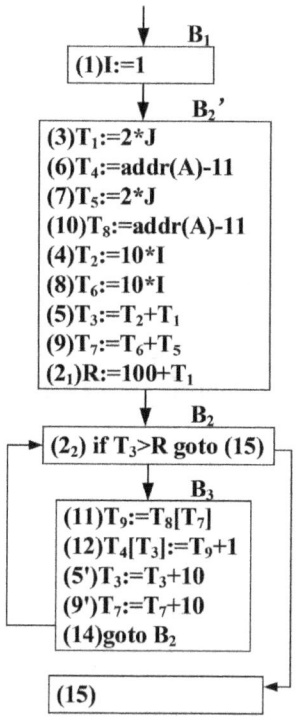

图 10.9　强度削弱和删除归纳变量

解析：进行强度削弱和删除归纳变量时，要经过如下步骤：

(1)利用循环不变运算信息，找出循环中所有的基本归纳变量。

(2)找出所有其他归纳变量 A，并找出 A 与已知基本归纳变量 X 的同族线性函数关系。

(3)对(2)中找出的每一归纳变量 A，进行强度削弱。

(4)删除对归纳变量的无用赋值。

(5)删除基本归纳变量。

10.4　本章小结

【学时】

2分钟。

【教学实施建议】

总结本课程的基本内容及要求如下：

(1) 理解优化的概念、目的和原则。
(2) 了解基本块的划分和流图的画法。
(3) 了解用 DAG 进行局部优化的方法。
(4) 了解用代码外提、强度削弱和删除归纳变量方法进行循环优化。

【课后作业布置】

一、简答题

1. 什么是优化？
2. 优化的目的、原则是什么？

二、综合题

1. 试把以下程序划分为基本块并作出其程序流图。

    read C
    A：=0
    B：=1
  L1：A：=A+B
    if B>=C goto L2
    B：=B+1
    goto L1
  L2：write A
    halt

2. 试把以下程序划分为基本块并作出其程序流图。

    read A,B
    F：=1
    C：=A*A
    D：=B*B
    if C<D goto L1
    E：=A*A
    F：=F+1
    E：=E+F
    write E
    halt
  L1：E：=B*B
    F：=F+2
    E：=E+F
    write E

　　　　if E>100 goto L2
　　　　halt
　　L2：F=F−1
　　　　goto L1

3. 对以下基本块 B1 和 B2：

　　B1：A：=B*C　　　　　　　B2：B：=3
　　　　D：=B/C　　　　　　　　　D：=A+C
　　　　E：=A+D　　　　　　　　　E：=A*C
　　　　F：=2*E　　　　　　　　　F：=D+E
　　　　G：=B*C　　　　　　　　　G：=B*F
　　　　H：=G*G　　　　　　　　　H：=A+C
　　　　F：=H*G　　　　　　　　　I：=A*C
　　　　L：=F　　　　　　　　　　J：=H+I
　　　　M：=L　　　　　　　　　　K：=B*5
　　　　　　　　　　　　　　　　　L：=K+J
　　　　　　　　　　　　　　　　　M：=L

分别应用 DAG 对它们进行优化，并就以下两种情况分别写出优化后的四元式。

(1) 假设只有 G、L、M 在基本块后面还要被引用；

(2) 假设只有 L 在基本块后面还要被引用。

4. 就以下四元式程序，对其中循环进行循环优化。

　　　　I：=1
　　　　read J,K
　　L：A：=K*I
　　　　B：=J*I
　　　　C：=A*B
　　　　write C
　　　　I：=I+1
　　　　if I<100 goto L
　　　　halt

5. 以下程序是某程序的最内循环，试对它进行循环优化。

　　　　A：=0
　　　　I：=1
　　L1：B：=J+1
　　　　C：=B+I

A：=C+A
if I=100 goto L2
I：=I+1
goto L1
L2：

【作业参考答案】

一、简答题

1. 优化是编译过程的第四个阶段，这一阶段对语义分析和中间代码产生阶段产生的中间代码进行加工变换，以期产生更为高效的目标代码。

2. 优化的目的是产生更高效的目标代码。

优化需要遵循的原则是等价原则、有效原则、合算原则。

二、综合题

1. 基本块及程序流图如图 10.10 所示。

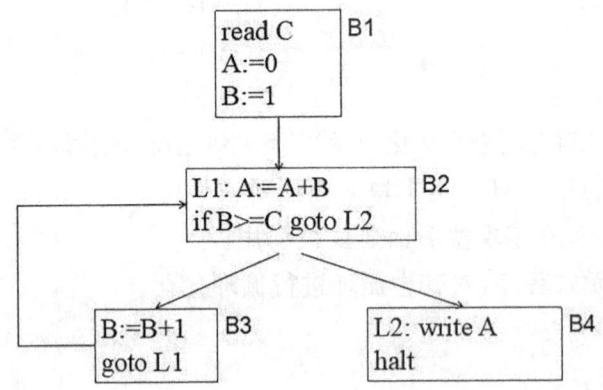

图 10.10　基本块及程序流图

2. 基本块及程序流图如图 10.11 所示。

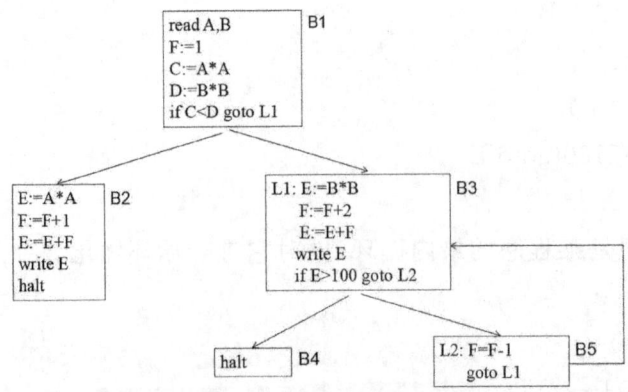

图 10.11　基本块及程序流图

3. 对基本块 B1 构造的 DAG 如图 10.12 所示。

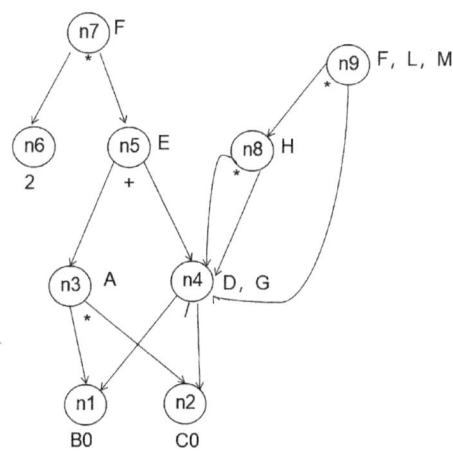

图 10.12 基本块 B1 的 DAG

(1) 假设只有 G、L、M 在基本块后面还要被引用时,重写三地址代码如下:

G:=B/C
H:=G*G
L:=H*G
M:=L

(2) 假设只有 L 在基本块后面还要被引用时,重写三地址代码如下:

G:=B/C
H:=G*G
L:=H*G

对基本块 B2 构造的 DAG 如图 10.13 所示。

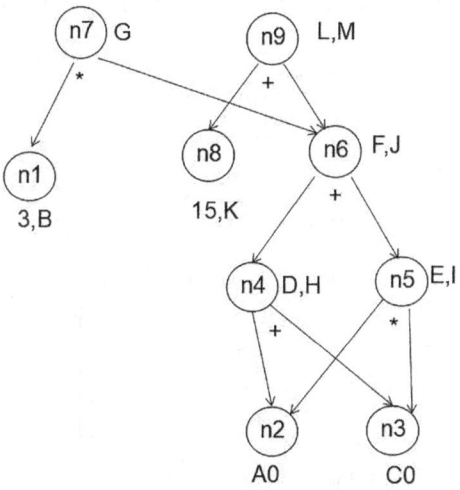

图 10.13 基本块 B2 的 DAG

(1) 假设只有 G、L、M 在基本块后面还要被引用时,重写三地址代码如下:

D:=A+C

E:=A*C

F:=D+E

G:=3*F

L:=15+F

M:=L

(2) 假设只有 L 在基本块后面还要被引用时,重写三地址代码如下:

D:=A+C

E:=A*C

F:=D+E

L:=15+F

4. 首先画出流图如图 10.14 所示。

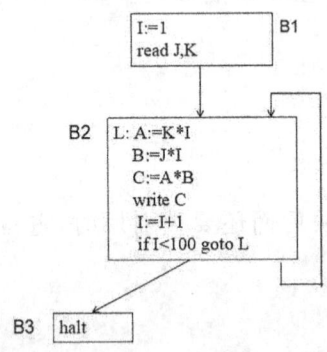

图 10.14　流图

其中,基本块 B2 构成循环,对循环进行强度削弱、代码外提、删除归纳变量后如图 10.15 所示。

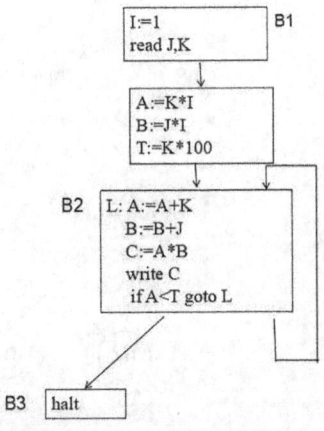

图 10.15　优化后的流图

5. 首先画出流图如图 10.16 所示。

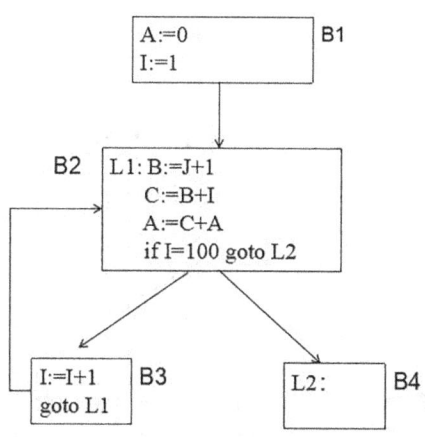

图 10.16 流图

其中,基本块 B2、B3 构成循环,对循环进行代码外提、强度削弱、删除归纳变量后如图 10.17 所示。

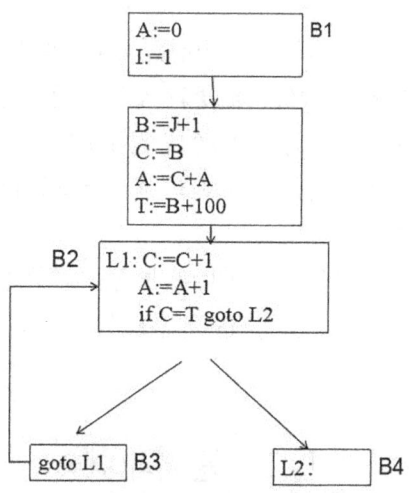

图 10.17 优化后流图

第 11 章　目标代码生成

【本章概述】

本章介绍编译模型的最后一个阶段——目标代码生成。本章的内容是介绍性的，学生掌握代码生成的任务，了解代码生成的基本方法即可。

【总学时】

0.5 学时。

【支撑的课程目标和毕业要求】

本单元各知识点的讲授和学习，可以重点支撑"课程目标 1. 使学生掌握编译原理的基础理论和基本方法，以解决难度较大的问题，处理复杂系统的设计与实现"，也即毕业要求指标点 1.3。通过了解代码生成的任务和方法，在系统层面上对程序和算法有进一步的认识，进一步提升解决计算机问题的能力，并用于解决计算机领域复杂工程问题。

本单元教学采用多媒体课件，通过举例展示，让学生掌握目标代码生成的目的，从而掌握编译程序的整体结构，以达到课程目标的要求。

11.1　基本问题

【学时】

5 分钟。

【教学内容】

代码生成的任务；代码生成器的输入；目标代码的形式；目标代码生成需要考虑的问题。

【教学重点】

代码生成的任务。

第 11 章 目标代码生成

【教学难点】

代码生成的基本方法。

【教学目的与要求】

了解代码生成的任务和方法。

【学情分析】

学生已经学习了汇编语言等先修课程,学习了中间代码的基本形式。

【知识背景】

Waite(1976 年)、Aho(1977 年)、Graham(1980 年)、Ganapathi(1982 年)等人研究讨论了 Bliss 的代码生成技术。Ammann(1977 年)讨论了 Pascal 的代码生成技术。J. Cocke、Ershov(1971 年)提出了一种图染色法寄存器分配技术。

【预习安排】

(1) 代码生成的任务。

(2) 代码生成器的输入。

(3) 目标代码的形式。

【教学实施建议】

(1) 通过习题检测学生的预习情况。

(2) 介绍目标代码生成需要考虑的问题。

【课堂互动】

(1) 通过习题对学生的预习内容进行检测。

(2) 组织学生讨论目标代码生成需要考虑的问题。

【典型例题】

例 1 【多选题】目标代码生成时应着重考虑的基本问题是_____。

A. 如何使生成的目标代码最短

B. 如何使目标程序运行所占的空间最小

C. 如何充分利用计算机寄存器,减少目标代码访问存储单元的次数

D. 目标程序运行的速度快

答案:AC。

解析:一个高级程序设计语言程序的目标代码经常要反复使用,因此代码生成要着重考虑目标代码的质量,即目标代码的长度和执行效率。生成的目标代码越短,访问存储单元的次数越少,它的质量就越高。

例 2 【多选题】编译程序生成的目标代码通常有三种形式,它们是_____。

A. 能够立即执行的机器语言代码　　　　B. 汇编语言程序

C. 待装配的机器语言代码   D. 中间语言代码

答案：ABC。

11.2　目标机器模型

【学时】

3 分钟。

【教学目的与要求】

介绍一个假想的计算机模型，以方便介绍后续知识，只需要学生了解该计算机模型上的简单的机器指令即可。

11.3　一个简单的代码生产器

【学时】

10 分钟。

【教学内容】

待用和活跃信息；寄存器描述和地址描述；代码生成算法。

【教学重点】

代码生成算法。

【教学难点】

代码生成算法。

【教学目的与要求】

了解代码生成算法。

【教学实施建议】

(1) 介绍计算遍历待用信息和活跃信息的算法。

(2) 介绍寄存器描述和地址描述。

(3) 介绍代码生成算法。

【典型例题】

例1 用 A、B、C、D 表示变量，T、U、V 表示中间变量，有四元式如下：
(1) T = A － B
(2) U = A － C
(3) V = T + U
(4) W = V + U

给出符号表中和附加在中间代码上的待用信息和活跃信息。

答案：符号表中的待用及活跃信息如下：

变量名	待用信息及活跃信息
T	$(\wedge,\wedge) \rightarrow (3,Y) \rightarrow (\wedge,\wedge)$
A	$(\wedge,\wedge) \rightarrow (2,Y) \rightarrow (1,Y)$
B	$(\wedge,\wedge) \rightarrow (1,Y)$
C	$(\wedge,\wedge) \rightarrow (2,Y)$
U	$(\wedge,\wedge) \rightarrow (4,Y) \rightarrow (3,Y) \rightarrow (\wedge,\wedge)$
V	$(\wedge,\wedge) \rightarrow (4,Y) \rightarrow (\wedge,\wedge)$
W	$(\wedge,Y) \rightarrow (\wedge,\wedge)$

附加在中间代码上的待用及活跃信息如下：

序号	中间代码	左值	左操作数	右操作数
1	T = A － B	(3,Y)	(2,Y)	$(\wedge,\wedge)$
2	U = A － C	(3,Y)	$(\wedge,\wedge)$	$(\wedge,\wedge)$
3	V = T + U	(4,Y)	$(\wedge,\wedge)$	(4,Y)
4	W = V + U	$(\wedge,Y)$	$(\wedge,\wedge)$	$(\wedge,\wedge)$

解析：假设变量的符号表登记项中含有记录待用信息和活跃信息的栏，计算这些信息时，按照如下算法：

(1) 开始时，把基本块中各变量的符号表登记项中的待用信息栏填为"非待用"，并根据该变量在基本块出口之后是不是活跃的，把其中的活跃信息栏填为"活跃"或"非活跃"。

(2) 从基本块出口到基本块入口由后向前依次处理各个中间代码。对每一中间代码 i：A := B op C，依次执行下述步骤：

① 把符号表中变量 A 的待用信息和活跃信息附加到中间代码 i 上；
② 把符号表中 A 的待用信息和活跃信息分别置为"非待用"和"非活跃"；

③ 把符号表中变量 B 和 C 的待用信息和活跃信息附加到中间代码 i 上；
④ 把符号表中 B 和 C 的待用信息均置为 i，活跃信息均置为"活跃"。

例 2　假设只有 R0 和 R1 是可用寄存器，根据目标代码生成算法，写出：
(1) T = A − B
(2) U = A − C
(3) V = T + U
(4) W = V + U

产生的目标代码。

答案：产生的目标代码如下：

中间代码	目标代码	RVALUE	AVALUE
T = A − B	LD R0, A SUB R0, B	R0 含有 T	T 在 R0 中
U = A − C	LD R1, A SUB R1, C	R0 含有 T R1 含有 U	T 在 R0 中 U 在 R1 中
V = T + U	ADD R0, R1	R0 含有 V R1 含有 U	V 在 R0 中 U 在 R1 中
W = V + U	ADD R0, R1	R0 含有 W	W 在 R0 中

11.4　本章小结

【学时】

2 分钟。

【教学实施建议】

总结本课程的基本内容及要求如下：

本章知识为介绍性的，需要学生了解代码生成的任务和方法。

【课后作业布置】

1. 假设可用寄存器为 R0 和 R1，试对以下四元式序列 G：
   T1:=B−C

T2:=A*T1
T3:=D+1
T4:=E−F
T5:=T3*T4
W:=T2/T5

用简单代码生成器生成其目标代码,同时列出寄存器描述和地址描述。

【作业参考答案】

1.

四元式	目标代码	RVALUE	AVALUE
T1:=B−C	LD R0 B SUB R0 C	R0 含 T1	T1 在 R0 中
T2:=A*T1	LD R1 A MUL R1 R0	R0 含 T1 R1 含 T2	T1 在 R0 中 T2 在 R1 中
T3:=D+1	LD R0 D ADD R0 1	R0 含 T3 R1 含 T2	T3 在 R0 中 T2 在 R1 中
T4:=E−F	ST R1 M LD R1 E SUB R1 F	R1 含 M R1 含 T4 R0 含 T3	M 在 R1 中 T4 在 R1 中 T3 在 R0 中
T5:=T3*T4	MUL R0 R1	R0 含 T5	T5 在 R0 中
W:=T2/T5	LD R1 M DN R1 R0 ST R1 W	R0 含 T5 R1 含 W	T5 在 R0 中 W 在 R1 中

第 12 章　编译原理实验

编译原理实验是本课程的课内实验部分,与理论教学部分是一个整体,占有重要的地位,旨在引导学生深入理解理论知识,并将这些理论知识和相关的问题求解思想和方法用于解决编译系统设计和开发中的问题,培养学生理论结合实际的能力。使他们经历复杂系统的构建,体验实现自动计算的乐趣。需要学生在掌握基本原理的基础上,在总体结构的指导下,通过设计词法分析器、语法分析器、语义分析和中间代码生产器,构建一个限定高级语言的编译器。要求学生完成相关算法和数据结构的设计,自行选择实现语言,提交规范的实验报告。

本课程的目标是引导学生根据系统设计目标选择合适的开发工具和开发环境,依据所给限定语言的描述模型选择适当的开发模型,经历设计和实现编译系统的主要流程,具体体验如何将基本原理用于编译系统设计与实现,加深对理论的理解。同时,通过在系统总体结构的指导下,设计开发词法分析、语法分析等模块,并将这些模块构成一个系统,来培养学生的系统观,提升其系统能力。具体目标如下:

目标 1. 在理论的指导下,将本专业的典型思想和方法用于系统的设计与实现。具体完成词法分析系统、语法分析系统及其相关的辅助程序的设计与实现,鼓励学生进一步实现语义分析,实现中间代码的生成,并将它们组合在一起,构成一个系统,具体设计实现一个颇具难度的复杂系统。

目标 2. 与理论教学部分相结合,促使学生掌握本专业与编译原理相关的基础理论知识和问题求解的典型思想和方法,使其可以用于解决复杂的问题,包括要使学生能够理解受限语言的文法描述(文法模型)、语义动作描述(属性文法模型)、翻译系统模型、翻译方法。

目标 3. 与理论教学部分相结合,分析编译系统设计与实现中的相关问题;特别是构造一个较复杂的软件系统时,对系统设计和实现相关问题进行分析,同时开展相应的实验,并进行表达、分析、总结、展示实验结果及实验系统。

目标 4. 提出总体要求和分系统要求,在有限自动机、上下文无关文法、自顶向下和自底向上语法分析方法、语法制导翻译等理论指导下,对编译系统问题提出解决方案。

目标 5. 对编译系统设计和实现中的相关问题进行分析,同时展开相应的实验,对实验结果进行分析和总结。

12.1 词法分析实验

【实验目的】

通过实现 PL/0 语言(一种示例小语言)的词法分析器,理解词法分析过程,掌握程序各部分之间的接口安排。

【实验内容】

1. PL/0 语言的单词结构:

关键字(10 个):begin,end,if,then,while,do,const,var,call,procedure

标识符:字母序列,最大长度 10,不能与上述关键字相同

常数:整型常数

算符和界符(17 个):+,-,*,/,#,=,<>,<,>,<=,>=,:=,(,),',.,;

2. 单词的种别划分:

(1) 标识符:作为一种。

(2) 常数:作为一种。

(3) 算符和界符每个单词作为一个单独种别。

3. PL/0 的语言的词法分析器将要完成以下工作:

(1) 跳过分隔符(如空格、回车、制表符)。

(2) 识别诸如 begin,end,if,while 等保留字。

(3) 识别非保留字的一般标识符。

(4) 识别数字序列。

(5) 识别:=,<=,>=之类的特殊符号。

4. 词法分析的对象——PL/0 示例程序。

为便于检查实验结果,提供符合 PL/0 语法格式的示例小程序,所开发的词法分析程序应能针对该程序产生正确的结果。自己也可以根据 PL/0 的词法和语法规则,扩充和改写所提供的示例程序,以验证自己的词法分析程序功能。

PL/0 语法中没有规定注释的格式,参照 Pascal 语言规定如下两种注释格式:

(1)单行注释:"//"引导内容,与 C++语言中单行注释一致。

(2) 多行注释:"(＊"和"＊)"之间内容,具体参见后面示例程序。

PL/0 示例程序清单如下:

// PL/0 语法示例程序

(＊

  计算 1~10 的阶乘

  多行注释

＊)

var n, f;

begin

  n := 0;

  f := 1;

  while n # 10 do

  begin

    n := n + 1;

    f := f * n;

  end;

  call print;// 用于输出结果,假设预先声明

end.

5. 词法分析器的实现方式:

把词法分析器设计成一个独立子程序,以便于语法分析器调用。词法分析器运行一次产生一个单词符号。

6. 词法分析器的输出形式:

(种别,属性值)

其中:种别在"2.单词的种别"中进行了定义;

属性值:若单词种别只代表唯一单词,属性值为空;

若单词种别是 SYM_IDENTIFIER,属性值为该单词在标识符表中的位置;

若单词种别是 SYM_ NUMBER,属性值为该单词在常数表中的位置。

7. 标识符表可以是如下结构:

name	info
标识符 1	
标识符 2	
标识符 3	

8. 常数表可以是如下结构：

| 常数 1 |
| 常数 2 |
| 常数 3 |

9. 表示词法分析的有限自动机状态转换图的实现方法:用程序实现,让每个状态结点对应一小段程序。

(1) 变量和过程的说明(仅供参考)：

①ch 字符变量,存放最新读进的源程序字符。

②strToken 字符数组,存放构成单词符号的字符串。

③GetChar 子程序过程,将下一输入字符读到 ch 中,搜索指示器前移一字符位置。

④GetBC 子程序过程,检查 ch 中的字符是否为空白。若是,则调用 GetChar 直至 ch 中进入一个非空白字符。

⑤Concat 子程序过程,将 ch 中的字符连接到 strToken 之后。

⑥IsLetter 和 IsDigit 布尔函数过程,它们分别判断 ch 中的字符是否为字母和数字。

⑦Reserve 整型函数过程,对 strToken 中的字符串查找保留字表,若它是一个保留字则返回它的编码,否则返回 0 值(假定 0 不是保留字的编码)。

⑧Retract 子程序过程,将搜索指示器回调一个字符位置,将 ch 置为空白字符。

⑨InsertId 整型函数过程,将 strToken 中的标识符插入符号表,返回符号表指针。

⑩InsertConst 整型函数过程,将 strToken 中的常数插入常数表,返回常数表指针。

(2) 示例小程序,如图 12.1 和 12.2 所示。

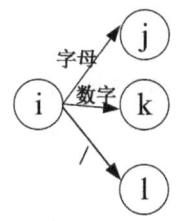

图 12.1 示例小程序(1)

图 12.1 中结点 i 所对应的程序段可表示为：

GetChar ()；

if (IsLetter( )){…状态 j 的对应程序段…；}

```
else if ( IsDigit( ) ){…状态 k 的对应程序段…;}
else if ( ch='/' ){…状态 l 的对应程序段…;}
else {…错误处理…;}
```

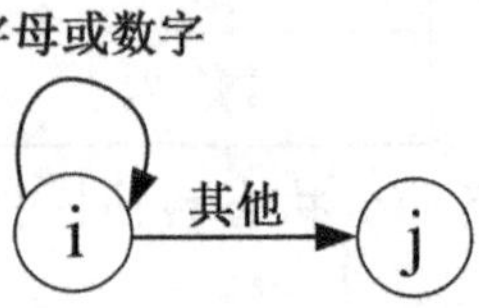

图 12.2　示例小程序(2)

图 12.2 中结点 i 所对应的程序段可表示为：
GetChar ( );
while (IsLetter ( ) or IsDigit ( ))
　　　GetChar ( );
…状态 j 的对应程序段…

【实验要求】

1. 要求每位同学单独完成词法分析器，并接受检查。
2. 撰写实验报告。
(1) 用有限自动机画出"实验内容"中的词法规则。
(2) 实验报告不要摘抄全部代码，但需以流程图的形式描述程序结构。
(3) 必须书写设计和实现的过程中出现的一些问题以及解决方法。

【实验学时】

4 学时。

【实验步骤】

(1) 熟悉实验环境，挑选一个自己熟悉的高级语言以及编程环境。

(2) 编写预处理程序，其功能主要包括两部分：合并空白符：把原始程序中相邻的空格、制表符、回车等空白符号并成一个空格，便于后续处理；消除注释：消除原始程序中的注释内容。

(3) 按照词法规则，画出其相应的有限自动机的状态转换图。

(4) 将状态转换图写成对应的程序。

(5) 调试、测试，写出结果。

【选做内容】

使用 LEX 工具实现词法分析。
(1) 基于 pl0-lex 项目，验证使用 flex 工具自动生成 PL/0 语言的词法分析器。
(2) 研究 pl0.l.1 文件内容，理解 LEX 源文件的编写规则和实际意义。

12.2 语法分析实验

【实验目的】

在实验一的基础上,采用递归下降的方法实现算术表达式的语法分析器,以加深对自上而下语法分析过程的理解。

【实验内容】

对算术表达式文法:
$V_N = \{ E, T, E', F, T' \}$,其中:E 为开始符号;
$V_T = \{ +, -, *, /, (,), id, num \}$

其中:id 代表标识符,要求是长度不超过 10 的字母序列;num 代表常数,要求是正整数;文法规则集如下:

$E \to TE'$
$E' \to +TE' \mid -TE' \mid \varepsilon$
$T \to FT'$
$T' \to *FT' \mid /FT' \mid \varepsilon$
$F \to (E) \mid id \mid num$

【实验要求】

1. 要求每位同学单独完成语法分析器,并接受检查。
2. 撰写实验报告。
(1) 实验报告书写一个有代表性的程序段,并进行说明。
(2) 必须书写设计和实现的过程中出现的一些问题以及解决方法。

【实验学时】

6 学时。

【实验步骤】

(1) 求出每个非终结符的 First 和 Follow 集(在练习本上求出即可,不要求程序实现)。
(2) 构造递归下降分析程序。
① 程序通过标准输入按行读取用户输入,表达式在一行内读完。
② 程序对用户输入的内容首先进行词法分析处理(可以复用实验一的部分代码,由于词法规则更简单,可以大大简化),词法分析得到的词法单位对应文法中

的终结符。

③对于用户输入的表达式,如果经过分析后语法正确,给出相应提示;如果分析过程中遇到错误,不需要尝试恢复分析,停止该次分析过程即可,但应尽量给出说明性较强的错误提示。

(3)验证结果。下面给出一些验证语法分析结果正确性的测试用例:

正确:x+7*(y + z/2) - 4 +5

错误:m+3 (n + t/3)

错误:(5+6)(7-1)

错误:(1+2

【选做内容 1】

下表是针对给出文法的预测分析表,尝试根据此表构造预测分析程序,实现与递归下降分析程序同样的功能。

$V_N \backslash V_T$	+	-	*	/	(	)	id	num	#
E:					TE'		TE'	TE'	
T:					FT'		FT'	FT'	
E':	+TE'	-TE'				ε			ε
F:					(E)		id	num	
T':	ε	ε	*T'	/FT'		ε			ε

【选做内容 2】

作为实验一的直接后继,构造递归下降分析程序实现对 PL/0 语言源程序的语法分析。源程序的读入方式与实验一相同,可在实验一提供的 PL/0 示例小程序基础上改写以验证分析结果。要求对语法正确的源程序给出"语法正确"提示,如果分析过程中遇到错误可以停止该次分析过程,但应尽量给出说明性较强的错误提示。

下面给出消除左递归和回溯的 PL/0 的 EBNF 文法,作为构造递归下降分析程序时的参考。

program → block "."
block → constdecl vardecl procdecl statement
constdecl → ["const" constitem {"," constitem} ";"]
constitem → ident "=" number
vardecl → ["var" ident {"," ident} ";"]
procdecl → {"procedure" ident ";" block ";"}

statement → assignstmt | callstmt | compstmt | ifstmt | whilestmt
assignstmt → [ident ":=" expression]
callstmt → ["call" ident]
compstmt → ["begin" statement {";" statement} "end"]
ifstmt → ["if" condition "then" statement]
whilestmt → ["while" condition "do" statement]
condition = "odd" expression | expression ("="|"#"|"<"|">") expression
expression → ["+"|"−"] term { ("+"|"−") term}
term → factor {(" * "|"/") factor}
factor → ident | number | "(" expression ")"

12.3 语义分析实验

【实验目的】

在实验二的基础上,利用算符优先分析方法设计一个计算器,以加深对算符优先分析过程和语义分析过程的理解。

【实验内容】

1. 功能说明。

目前一般的计算器进行计算时不能输入括号,而且需要事先得到表达式的各项才能使用它。例如,若直接输入 3+4*5,一般的计算器会在输入乘号时,先得到 7,输入完成后的结果是 35。如果希望能够更方便地使用计算器,我们可以进行一些改进。实验中要求计算器:

(1) 可以输入+ − * /（）算符以及正整数常数。

(2) 以行为单位输入表达式,能够发现输入表达式中的语法错误。

(3) 对于语法正确的表达式,输入时不立即计算,而是要等到下一个算符出现时根据优先级才确定是否进行计算。例如,输入 3+5*4,在输入*后,发现+的优先级低于*,因此+不计算,表达式输入结束后先计算*,后计算+。

(4) 最终计算出表达式的值后,输出该数值。

2. 算术表达式文法:

V_N = { E, T, F }

其中:E 为开始符号;

$V_T = \{ +, -, *, /, (,), num \}$

其中:num 代表常数,要求是正整数;

文法规则集如下:

$E \to E+T | E-T | T$

$T \to T*F | T/F | F$

$F \to (E) | num$

【实验要求】

1. 要求每位同学独立完成。
2. 撰写实验报告。
(1) 写出计算器基于的属性文法。
(2) 必须书写设计和实现的过程中出现的一些问题以及解决方法。

【实验学时】

8学时。

【实验步骤】

实验分成两个阶段进行:

(1) 运用算符优先分析算法完成计算器中对算术表达式的语法分析,具体功能要求参照实验二中相应内容。

(2) 设计属性文法,改造第一阶段的程序,完成算术表达式的计算和相关的输出。

【选做内容】

鉴于算符优先分析算法设计和实现的难度,本实验可以在实验二的递归下降分析算法基础上实现语义分析和计算。因为降低了实现难度,基于替代内容要求的得分将略低于正常实验内容的分数。为了应用递归下降分析算法,需要改造左递归形式的算术表达式文法,并将原来的 S-属性文法改写为等价的 L-属性文法。除了语法分析算法的不同,替代实验要实现的功能与正常实验要求的功能完全一致。使用翻译模式描述的 L-属性文法如下:

$E \to T \{E'.in = T.val\} \ E' \{E.val = E'.val\}$

$E' \to +T \{E'1.in = E'.in + T.val\} \ E'1 \{E'.val = E'1.val\}$

$E' \to -T \{E'1.in = E'.in - T.val\} \ E'1 \{E'.val = E'1.val\}$

$E' \to \varepsilon \{E'.val = E'.in\}$

$T \to F \{T'.in = F.val\} \ T' \{T.val = T'.val\}$

$T' \to *F \{T'1.in = T'.in * F.val\} \ T'1 \{T'.val = T'1.val\}$

$T' \to /F \{T'1.in = T'.in / F.val\} \ T'1 \{T'.val = T'1.val\}$

T′→ε {T′.val=T′.in}
F→(E) {F.val=E.val}
F→num {F.val=num.lexval}

参考文献

[1] 陈火旺,刘春林,谭庆平,等. 程序设计语言编译原理[M]. 第3版. 北京:国防工业出版社,2014.

[2] Alfred V. Aho,Monica S. Lam,Ravi Sethi 等著,赵建华,郑滔等译,编译原理[M]. 第2版. 北京:机械工业出版社,2009.

[3] 王生原,董渊,张素琴,吕映芝,蒋维杜著. 编译原理:[M]. 第3版. 北京:清华大学出版社,2015.

[4] 黄贤英,王柯柯,刘洁,曹琼著. 编译原理重点难点分析·习题解析·实验指导[M]. 北京:机械工业出版社,2008.